LA VUELTA AL MUNDO EN 80 PERROS

JUAN PASCUAL

KOLIMA
BOOKS

Título original: *La vuelta al mundo en 80 perros*

Primera edición: Febrero 2026
© 2026 Editorial Kolima, Madrid
www.editorialkolima.com

Autor: Juan Pascual
Dirección editorial: Marta Prieto Asirón
Maquetación de cubierta: David Visea
Maquetación: Carolina Hernández Alarcón

ISBN: 979-13-88155-02-4
Depósito legal: M-3658-2026
Impreso en España

Para mis cuatro cachorros:
Ana, Sara, Samuel y Lorena.

Ahora no tengo la sensación de estar en la cárcel. Me siento como un niño abriendo los regalos el día de Navidad.

Presidiario al recibir al perro con el que participará en un programa de reinserción

Day after day, the whole day through
Wherever my road inclined
Four-Feet said, 'I am coming with you!'
And trotted along behind.

RUDYARD KIPLING

ÍNDICE

PRÓLOGO

Querido lector, como no quiero retrasar tu lectura, sabiendo además que te enfrentas a un interesantísimo libro, y dado que el autor en su prólogo explica y resume cuáles han sido los motivos que le llevaron a escribirlo, como también las claves y estructura que ha dado al mismo, me enfocaré en hablaros de su autor, de Juan Pascual.

A Juan lo conocí hace ahora cuatro años con su anterior obra, *Razones para ser omnívoro*, un concienzudo trabajo de investigación que reunía un sinfín de argumentos justificativos de las bondades de la dieta omnívora para el hombre, sobre otras dietas inspiradas en modas, más o menos pasajeras, y algunas bajo la errónea creencia de «salvar el planeta», aborrecen del consumo de carne y de la ganadería en general.

Juan me localizó para contarme su proyecto y pedir mi apoyo, lo que hice muy convencido por dos motivos. Primero porque es veterinario, y tratándose de un colega los términos «no puedo, o no me encaja», jamás los conjugo. Y segundo, porque me fascinó su personalidad. Porque Juan Pacual es un tipo de trato cordial, carácter bondadoso y poco dado a vanagloriarse de su altísima responsabilidad, y créanme que podría. Porque Juan Pascual es vicepresidente de unos de los laboratorios farmacéuticos veterinarios más importantes del mundo. Sin embargo, el tono de su trato, la conversación siempre amena y rica, y la generosidad de su quehacer lo convierten en alguien cercano, culto y modesto; una persona especial.

Nos hemos visto después en varias ocasiones y lugares, y en todas ellas he podido confirmar que pertenece a esa reducida clase de humanos en los que puedes confiar por completo; su lealtad al trabajo, familia y proyectos que emprende, como el que tienes ahora entre tus manos, son los rodrigones que marcan los límites de su caminar.

El título, *La vuelta al mundo en 80 perros*, como bien refiere el autor en su prólogo, nos lleva a recordar la famosa obra de Julio Verne, *La vuelta al mundo en 80 días*, que todos hemos podido leer, disfrutar en diferentes versiones cinematográficas, o ver en dibujos animados; formato este último que acompañó la infancia de quienes hemos superado la barrera de los 50 o 60 años.

El viaje que nos propone Juan, a diferencia del de Verne, transcurre entre remotos y cercanos territorios, salta de unos continentes a otros, nos conduce por diferentes épocas y revive culturas antiguas o modernas. Pero en ese ambicioso y sorprendente recorrido por el que nos conduce he podido detectar un denominador común: sacar a la luz aquellas razas, individuos con nombre propio, o curiosas capacidades de nuestros amigos los perros, que por un motivo u otros ejercen una llamativa influencia sobre nosotros los humanos, en muchos casos muy desconocida; lo comprobaréis.

Confieso haberme quedado perplejo con la historia del «guardaespaldas de pingüinos», en relación a la ventaja que puede aportar un insólito pastor a la conservación de las especies. Casi incrédulo con la vida de los selváticos perros chamanes, cuyos sueños y alma son interpretados por los humanos que conviven con ellos. Impresionado con el abnegado sacrificio de los llamados «caballos del pobre» en tierras del Loira, allá por el siglo XIX. Me emocioné al conocer el dramático arranque vital de la perra flor, que recogió la directora Isabel Coixet en su película *Un amor*. Me enterneció lo sucedido con el perro 40, el «discapacitado», en tanto a la solidaridad que terminó arrastrando la resolución de su fatal lesión. Me reí con el «catador de croquetas» y se humedecieron mis ojos con el relato titulado «Él nunca lo haría». Confieso haber sentido una incontenible indignación, que menos mal terminó con un final feliz, leyendo el caso del «Asidero de un niño».

Podía seguir con cada uno de los 80 perros, pero mejor que lo hagas tú, lector.

Vas a disfrutarlo, recomendarlo y quizás releerlo varias veces, porque el libro de Juan Pascual no es una simple recolección de ejemplos anecdóticos sobre lo que los perros ofrecen al hombre ni sobre las curiosas capacidades perrunas; también es un viaje lleno de emociones, que se irán haciendo presentes a medida que te adentres en sus páginas.

Porque, fuera del título elegido por el autor —y ahora opino como escritor—, este libro, a medida que vas avanzando, se convierte en un apasionante viaje; el de la vuelta al mundo en 80 diferentes emociones.

¡Disfrútalo!

Gonzalo Giner
Veterinario y escritor

INTRODUCCIÓN

L os perros fueron los primeros animales a los que domesticamos. Posiblemente nos domesticamos mutuamente porque no se entiende el perro sin el ser humano, ni nosotros posiblemente seríamos lo que somos si no hubiésemos contado con los canes, que, con su colaboración en las cacerías y como alerta frente a predadores, nos ayudaron a sobrevivir como especie.

Estos animales son un ejemplo perfecto de éxito evolutivo. Hoy, mientras sus parientes salvajes, los lobos, cuentan con una población global de unos 400.000 ejemplares, los canes suman prácticamente 1.000 millones. Se han convertido en compañeros perfectos para multitud de personas que los adoptan y tratan como un miembro más de la familia.

Por otra parte, los perros desempeñan múltiples funciones muy valiosas para nuestra sociedad. Así, es frecuente verlos junto a la Policía, acompañando a enfermos en hospitales, como apoyo a personas con discapacidad o en el rescate de alta montaña, por mencionar unos pocos ejemplos.

¿Cuál es el secreto de esta especie? ¿Por qué ha sido capaz de ocupar un lugar central en tantas familias, en tantas funciones públicas? Por supuesto cada can es un mundo, con su personalidad propia y contexto de vida particular, pero hay dos aspectos que hacen de los perros algo único, dos órganos que los convierten en unos seres distintos, imprescindibles: su olfato y su corazón.

Su capacidad olfativa, sin duda, fue el elemento que selló la unión, que aún perdura, entre ambas especies. La habilidad única de estos cánidos para percibir la presencia de enemigos o fieras que rondaban el poblado o dónde se escondía una presa herida, invisible entre los matorrales, fue esencial para que los humanos entendieran las ventajas que representaba el tener a estos animales como compañeros y se les permitiese convivir con nosotros, iniciando así una relación ininterrumpida y cotidiana que alcanza los 15 milenios.

En cuanto a su capacidad olfativa, los perros tienen ese sentido híper desarrollado, tanto que multiplica por 40 la capacidad olfativa humana. Nosotros dedicamos un 5 % del cerebro a analizar los olores que nos rodean, mientras que los canes emplean un 33 % a ese fin. Pero esto no explica el vínculo afectivo con los humanos. Hablemos pues de ese otro órgano que les hace únicos: su corazón.

Ninguna otra especie doméstica genera tanta ternura, empatía y cariño como los perros. Su fidelidad a toda prueba, los sacrificios que muchos han hecho por defender o rescatar a personas, pero sobre todo ese movimiento de vaivén de su cola cuando llegamos a casa, resultan, para millones de personas, simplemente impagables, pues hallan en la devoción de su mascota el cariño, la atención, la prueba de un amor incondicional que es difícil –imposible– encontrar en ningún otro animal.

No en vano numerosos estudios muestran que, cuando personas y perros cruzamos nuestras miradas, ambos secretamos oxitocina, la conocida como hormona del amor, la misma que nos hace sentir bien al mirar a nuestros bebés o a la persona amada. Ese vínculo es único; con ninguna otra especie hemos alcanzado semejante nivel de complicidad.

El nexo humano-perro no tiene parangón. Esa conexión hace de estos animales compañeros ideales y socios imprescindibles en multitud de labores.

Y esa es la razón por la que nace este texto: dar a conocer la enorme diversidad de vidas perrunas, que son mucho más variadas y sorprendentes de lo que puede parecer si solo atendemos a su función como animales de compañía.

Vidas que se irán describiendo conforme recorramos el globo terráqueo, cual Phileas Fogg, protagonista de la magnífica novela de Julio Verne *La vuelta al mundo en 80 días*.

Iremos de la mano de 80 canes a descubrir múltiples lugares, paisajes, contextos y épocas pretéritas para comprender un poco mejor el rol que estos animales desempeñan –y han desempeñado– en nuestras vidas, en lo que somos hoy como especie y sociedad. Serán ellos los que narren sus propias experiencias, sus vidas cotidianas, a menudo muy distintas de las que percibimos en las sociedades occidentales.

La narración se desarrolla en los 4 puntos cardinales, porque los perros, ubicuos, nos acompañan allí donde estamos los humanos. He querido así describir el contexto geográfico o histórico en el que los perros actúan, viven, desarrollan sus labores, hacen su contribución a la sociedad, para captar en su totalidad su función, pues solo así se puede entender la vida y la ayuda que estos animales y su genio nos ofrecen en casi todas las regiones del mundo.

Todo lo descrito en este texto está basado en la realidad. Algunas prácticas de las que los canes fueron actores han caído en desuso y otras acaban de iniciarse, pues los perros siguen sorprendiéndonos con nuevas habilidades.

Ahora sí, les invito a acompañarme en este viaje que emprendemos, sin prisa, pues al contrario que el héroe de la novela de Verne, no tenemos 80 días para ganar la apuesta, sino el tiempo que cada uno quiera tomarse para dirigir una mirada a estos 80 peludos que, todo olfato, todo corazón, nos acompañan en las páginas que siguen a continuación.

Confío en que este libro sirva para conocerlos un poco más y valorar, tal y como merecen estas nobles y leales criaturas, las muchas aportaciones que hacen a diario para que el mundo sea un lugar mejor.

80 PERROS

1. UN PERRO MEDIO

C ada perro tiene una vida diferente, pero si tuviéramos que explicarle a un extraterrestre cómo es la vida de un perro medio en el planeta Tierra creo que mi vida podría servir como ejemplo. Y no, la vida de un can medio no es la de una mascota que vive cómodamente con una familia que la quiere y cuida. La mayoría, como es mi caso, vivimos sin dueño, comemos lo que podemos y tenemos en general una existencia breve.

Un perro medio es pequeño, unos 22 kg de peso –lo suficientemente grande para defenderse y pequeño como para no necesitar demasiada energía–, y, en general, de color marrón claro.

Lo que es común a todos, mascotas o no, es nuestra cercanía al ser humano. Hemos evolucionado para vivir cerca vuestro. Y hemos tenido éxito. Mientras numerosas especies de cánidos salvajes están en riesgo de extinción, nosotros somos 1.000 millones. No puede negarse que hacer sociedad con el hombre nos ha ayudado a procrear y diseminar nuestra estirpe por todo el globo. Y quienes tienen en muchos casos la llave de esa asociación son los niños. Entramos en las casas con ellos. Ni ellos pueden resistirse a nuestro encanto –especialmente de cachorros–, ni nosotros al suyo.

Yo intento comer y sobrevivir en el vertedero de Dandora, cerca de Nairobi. Aunque no tengo quien cuide de mí, cosa que les sucede a la mayoría de los perros –unos 750 millones vagamos por nuestra cuenta–, no por ello vivimos alejados del ser humano. Al fin y al cabo, al vertedero llegan a diario 2.000 mil toneladas de residuos de todo tipo: plásticos, restos de matadero, ropa vieja, excrementos, todo mezclado para que cientos de perros nos busquemos la vida, comamos y criemos a nuestra progenie. No estamos solos; compartimos el espacio con numerosos chiquillos que vienen a recoger metales que luego venderán por unos centavos. Nada se pierde en el ciclo ecológico de los más miserables entre los miserables.

Mal comidos y sin cuidados, no debe sorprenderos el que nuestro paso por la vida sea breve. Ya es un milagro que los cachorros lleguen a la edad adulta. Los perros macho somos los únicos cánidos que no colaboramos en la alimentación de sus crías, así que las hembras deben apañárselas solas en pequeñas guaridas escarbadas entre la podredumbre. A toda la miseria que nos rodea hay que añadir a los predadores. Hienas, e incluso leopardos, hacen incursiones atraídos por el olor de las inmundicias, y no es raro que en sus visitas se lleven a alguno de nosotros.

No es fácil ser un perro medio. Tengo confianza en que, en un futuro no muy lejano, los vertederos desaparezcan y todos los perros tengan una casa, comida y gente que los cuide y quiera, tal y como sucede en los países más pudientes. Yo no lo veré, pero me reconforta saber que nuestra vida puede ser mucho mejor, y que podemos hacer también mucho mejor la vuestra.

2. EL PRIMER PERRO DOMÉSTICO

Hoy el tráfico tiene bloqueadas las principales arterias de la ciudad de Bonn. Nadie diría que hace miles de años aquí se fraguó la prueba de que hombres y perros iban a compartir un destino común como especies estrechamente vinculadas.

Yo fui el primer perro del que se haya documentado que fuera un animal doméstico, que conviví con humanos y me cuidaron.

Aquí tenéis el relato probable de cómo pudieron ser las cosas a la luz de los restos que mis compañeros humanos y yo dejamos en estos sedimentos, hoy cubiertos por el asfalto, y que los estudiosos se afanan en desvelar para conocerme mejor, pues saber más de mí es un modo de conoceros mejor a vosotros mismos:

Los hombres acaban de regresar con algunos conejos y un par de nutrias en el zurrón. Cerca de la gruta que sirve de techo a la poco poblada tribu, las mujeres han apilado los primeros frutos de la primavera, así que no faltará comida para los próximos días. El fuego arde a la entrada de la cueva, da calor y ahuyenta a los predadores. Osos y lobos temen al fuego, así que no se acercarán esta noche.

Los otros cachorros se dejan acariciar por los chicos mientras escuchan atentos las historias de caza alrededor de la hoguera. Yo no los acompaño hoy, no me encuentro bien. Siento escalofríos, tengo temblores. Los chavales me acercan trocitos de carne, pero no tengo apetito. Tengo moquillo, un virus mortal para los perros que aún tardará milenios en ser conocido, pero que, ajeno a los avances científicos futuros, hoy se ceba en mí y va a quitarme la vida próximamente. Sin embargo, aunque me haga morir dejará una huella indeleble en mi dentadura: unas rayas en mis colmillos son la marca que desvelará al mundo que este cachorro que os habla estaba muy enfermo y cuál fue, a la postre, la causa de su muerte.

Y revelará algo mucho más importante: yo estaba muriéndome, sí, pero hace 15.000 años me enterraron junto a una pareja humana. No me comieron ni desecharon mi cuerpo. Me cuidaron —aunque no podía prácticamente ni moverme ni ladrar—, hicieron lo posible para curarme; me querían. Querían que viviese, sentían algo por mí. No era más que un cachorro moribundo, pero quisieron que mi cuerpo estuviera con ellos en su sepultura, que los acompañara en su último viaje, prueba incontrovertible del aprecio y el respeto que me tenían.

Por eso hoy paleontólogos y antropólogos consideran que fui el primer perro doméstico –o por lo menos el primero del que se han hallado pruebas tangibles– al que cuidaron cuando no era capaz de aportar nada de valor a sus dueños. No podía jugar, ladrar ni acompañarlos a cazar, pero aun así me atendieron hasta el final y quisieron que me inhumaran a su lado. ¿Hay mayor prueba de afecto?

Mientras los turistas visitan la casa natal de Beethoven o nuestra magnífica catedral, en el subsuelo de Bonn, la que llegó a ser capital de la República Federal Alemana, mi osamenta se fosilizó y fraguó, como testimonio para los tiempos venideros, prueba del amor que, quizá por primera vez entonces y para todos los tiempos futuros, habría de existir entre los canes y las personas. Yo fui el primero, el inicio de lo que hoy es moneda común: cariño, respeto y compañía entre dos especies que desde hace 15.000 años no pueden vivir la una sin la otra.

3. EL DETECTOR DE LA ENFERMEDAD DE PARKINSON

Para contaros mi historia tenemos que trasladarnos a Escocia, una tierra dura, de clima lluvioso, frío, casi siempre inclemente, pero que, cuando permite que se asome el sol y al viajero pasear, muestra unos hermosísimos paisajes, como el lago Ness, donde cuenta la leyenda que habita un esquivo monstruo o, acantilados que, semiocultos por la niebla, parecen no tener fin.

Tierra poblada por castillos que sirven de testigos mudos de batallas, gestas, invasiones, victorias y derrotas en la convulsa historia de esta nación que fue la cuna de Braveheart, apelativo con el que se llamaría siglos más tarde a William Wallace, caudillo escocés que luchó por liberar Escocia del dominio de los ingleses allá por el siglo XIII y cuyas gestas narra la magnífica película de Mel Gibson.

Quizá penséis que quien os habla es un *terrier* escocés pequeño, peludo, negro y con la cola siempre apuntando al cielo, pero no, ni siquiera tengo una raza definida; soy un perro mestizo. Tampoco vivo en Gran Bretaña. Pero antes de daros más detalles sobre mí, y para comprender lo que voy a narrar, tenéis que conocer a Joy Milne.

Joy es una enfermera escocesa que un buen día empezó a percibir un olor desagradable en su marido. Ni ella ni su esposo sabían por qué, pero lo cierto es que Joy no soportaba el aroma corporal que, de un tiempo a esa parte, desprendía su cónyuge.

Más adelante la pareja de Joy desarrolló los síntomas clínicos de la enfermedad de Parkinson. Y cuando ella lo acompañó a hacer terapia con otros enfermos de ese mal se dio cuenta de que olían tan mal como su esposo. Lo que Joy había comenzado a oler, años antes de que se manifestasen los síntomas visibles de la enfermedad, era nada más y nada menos que la propia enfermedad de Parkinson. ¿Pero de verdad puede una enfermedad oler?

Los especialistas al principio desdeñaron este hallazgo, pero ante su insistencia decidieron hacer un test: tomaron varias camisetas de pacientes en distintas fases de la enfermedad junto a camisetas de personas sanas. Joy acertó todas las prendas que pertenecían a enfermos. Todas menos una.

Joy no había fallado; muy al contrario, la camiseta que ella anotó como perteneciente a una persona enferma de Parkinson no manifestó los síntomas hasta poco después; por eso los médicos la habían puesto en el grupo de personas sanas. Pero en realidad esa persona ya estaba enferma, aunque ni ella ni los doctores lo supieran. Esa fue la prueba definitiva de que Joy de verdad podía oler ese mal y lo que convenció a los galenos para investigar más sobre el particular.

Y se pudo demostrar que las personas que sufren Parkinson, incluso en sus estadios más iniciales, segregan con el sudor una sustancia que tiene un olor característico. Y, evidentemente, si alguien puede ayudar a encontrar olores peculiares somos los perros.

Y ahí entro yo, porque soy un perro de 5 años de edad, adoptado hace 3 y que hasta hace poco desconocía que podía tener habilidad particular alguna. Y aunque esta historia comienza en Escocia con la experiencia vivida por Joy, yo resido con mi familia en el estado de Washington en los EE. UU. Mi vida es la misma que la de cualquier perro de compañía, solo que trabajo a tiempo parcial porque hace un tiempo me inscribieron en un programa en el que me enseñaron a detectar el olor peculiar del Parkinson.

La experiencia de Joy ha motivado a neurólogos de todo el mundo a desarrollar un diagnóstico precoz de este síndrome nervioso.

El programa en el que yo colaboro comenzó con un largo período de formación en casa. El monitor venía y, con refuerzos positivos y premios, me fue enseñando a distinguir entre distintos olores, y concretamente el olor de esta enfermedad neurodegenerativa. En total 23 perros recibimos este entrenamiento. Una vez terminada la fase formativa –en algunos casos duró hasta 5 años– se nos llevó a la institución en la que teníamos que probar que efectivamente podíamos detectar este mal identificando camisetas de enfermos frente a otras camisetas, idénticas, de personas sanas.

El 90 % de nosotros acertamos todas las muestras. Yo no fallé ni una.

Este y otros experimentos similares abren la vía a un diagnóstico temprano que permita mitigar el daño que causa esta patología. Joy Milne solo hay una, pero perros que podamos aprender a detectar el olor del Parkinson somos muchos. Tened presente que somos capaces de detectar el equivalente de una cucharadita de postre de esa sustancia disuelta en el agua de dos piscinas olímpicas. Gracias a nuestra capacidad olfativa se avanza en la detección precoz y, con ella, la esperanza de una vida mejor para estos pacientes.

Por eso cada vez es más frecuente el uso de perros para el diagnóstico de enfermedades como el cáncer, la diabetes e incluso algunas infecciones. Nuestras narices son más sensibles que los análisis más finos, y además no hace falta tomar muestras ni causarle molestias al paciente. Todo son ventajas. Además, posiblemente muchas más enfermedades posean un olor propio, así que se abre un amplio abanico de posibilidades de diagnóstico temprano en el futuro que contribuyan a paliar todo tipo de dolencias.

Hoy ya es una realidad y los perros estaremos más y más presentes en la consulta del doctor para oler los males que aún no sabéis que sufrís.

4. UN GUARDAESPALDAS
DE PINGÜINOS

Middle Island es una pequeña roca situada al sureste de Australia, cerca de la también pequeña ciudad de Warrnambool, que, con su puerto chiquito, su buen tiempo y sus vacas lecheras en los prados adyacentes, ofrece a muchos urbanitas que buscan un poco de sosiego y quieren escapar de la ajetreada Melbourne un buen lugar de descanso.

Y aquí, en este apartado rincón, casi en el fin del mundo, me hice famoso. Tanto que incluso hicieron una película sobre mí. Esta es mi historia. Resulta que en Middle Island cría una especie muy especial. Se trata del pingüino más pequeño del mundo con tan solo 1 kg de peso: el minúsculo pingüino azul. La colonia asentada en esta isla iba creciendo a buen ritmo y había alcanzado los 800 ejemplares hasta que los zorros aprendieron a llegar a ella durante la bajamar. En unas pocas noches se zamparon a todos los que pudieron. Quedaron solo 4 ejemplares. Conviene recordar que el zorro es una especie invasora, introducida por los británicos en Australia en el siglo XIX, y que los pingüinos no saben ni defenderse ni huir de este carnívoro, pues nunca, hasta hace muy poco, han tenido razones para temerlo, ya que no estaba presente en esta isla.

La situación se tornó crítica porque, aunque este pingüino no está amenazado de extinción, es muy importante preservar la variabilidad genética entre colonias. Perder una de ellas al completo hubiese sido un auténtico desastre

Y tras mucho pensarlo y barajar distintas posibilidades, yo me convertí en la solución al problema: del mismo modo que los perros de guarda cuidan de las ovejas, ¿qué mejor que un perro para proteger también a estas pequeñas aves? Además, como pastor maremmano que soy, los de mi raza se las han visto con osos y lobos en nuestro país de origen, Italia, así que unos zorros no deberían ser un problema si nosotros montamos guardia en el islote. No en vano pertenecemos a la estirpe de los mastines: 45 kg de peso, cabeza ancha, dentadura bien armada y más de 70 cm de altura hasta los hombros. Además estamos perfectamente adaptados al frío viento que habitualmente recorre el peñasco en el que he trabajado todos estos años porque nos abriga una espesa mata de pelo lanudo blanco cremoso.

Y el plan funcionó. Tan bien que la colonia volvió a crecer y llegó a los 200 ejemplares. Incluso hicieron una película sobre mi historia, titulada *Oddball*. No es mi nombre real, yo me llamo Tula, pero ya se sabe, los actores tenemos nombres artísticos. La película estuvo en todas las carteleras y me hizo en su día un perro muy famoso, allá por el año 2015.

Sin embargo, un par de años después, un día de tormenta, olas enormes y vientos racheados, nuestros cuidadores decidieron que no fuésemos a la isla. Craso error. A pesar del tiempo infernal, los zorros aprovecharon esas horas de ausencia nuestra para matar a 140 pingüinos. Desde entonces aprendimos la lección y no bajamos la guardia nunca. Si nosotros no estamos en la isla, algunos voluntarios vigilan el istmo que la une a la playa durante la marea baja para que los raposos no puedan merendarse más aves.

Tras una década dedicándome a proteger a los pingüinos ahora me ha llegado la hora de descansar. Tengo un poco de artritis y he perdido la agilidad necesaria para ser un buen guardaespaldas. Así que voy a dedicarme a formar a los nuevos guardianes y vigilar y cuidar a los pollos de la granja en la que vivo —que a los zorros tanto les da pollos que pingüinos—. Y ahí seguiré con mis amigos y seres queridos hasta que algún día tenga que irme para siempre. Pero la colonia de pequeños pingüinos azules permanecerá, gracias en parte a mi esfuerzo y buen hacer.

Ese será mi legado.

5. PERRO SEÑAL

Me gusta mucho Nazaré, la villa portuguesa con las olas más altas del mundo, meca del surf, lugar de peregrinación para cualquier practicante de este deporte que se precie. Sus playas de fina y dorada arena son larguísimas y un espectáculo para la vista, tanto si te adentras en el océano como si prefieres contemplarlo desde la orilla o alguno de sus miradores.

A mí me gusta el mar y, aunque no voy mucho a la playa, lo tengo bien presente a diario porque vivo con una familia que se dedica a la pesca, la gran actividad económica de Nazaré, tras el turismo, claro.

Yo a veces acompañaba a mi amo en el barco, me gustaba salir a faenar con él y ver cómo sacaba las redes llenas de peces y pasaba horas para acondicionarlos y dejarlos secar en la playa, al modo tradicional de Nazaré, donde hay incluso un museo dedicado al arte de secar pescado. Pero ahora tengo una función muy especial y mucho más importante: la segunda hija de la pareja nació sorda. Nadie sabe muy bien por qué, pero así fue, y yo soy su perro señal.

Cuando cumplió los 5 años, la familia se enteró a través de un reportaje de que los perros podemos ayudar a las personas con discapacidad auditiva. Nos llaman perros señal. Y comenzaron a entrenarme para ello. La formación se desarrolló en el seno de la propia familia, siempre con refuerzo positivo —cuando hacía algo bien me daban comida...— Y ¡siguen haciéndolo así! Porque los perros necesitamos tener nuestra recompensa cuando hacemos las cosas tal y como queréis. Es así como funcionamos, por lo que nos esforzamos y trabajamos.

Mi tarea es alertar a la chica cuando alguien llama al teléfono o a la puerta. Cuando oigo el timbre me voy corriendo hacia ella, la empujo y le indico de dónde viene el sonido. Lo mismo hago si alguien la llama por su nombre. Especialmente la abuela, que no puede moverse casi. Y también cuando llora su hermanito pequeño o si en algún momento llega a sonar la alarma antiincendios. Yo soy sus oídos. Ella se desenvuelve muy bien, pero en esas ocasiones en que lo necesita allí estoy yo.

Lo más divertido es despertarla cuando suena el despertador. Entonces salto sobre su cama y comienzo a dar brincos sobre ella; no os asustéis, soy una *yorkie*, peso poco más de 3 kg y soy lo primero que ella ve por la mañana: mis orejas tiesas y peludas, mis ojos negros y mi trufa también azabache y húmeda que, junto a mis lametazos, le humedecen el rostro.

La verdad es que tengo una función divertida; debo estar siempre pendiente, pero nunca me faltan las caricias ni los premios. Y mi amiga puede ser así más independiente. ¡Eso es lo que importa!

6. LA FORJA DE LOS EE. UU.
COMO NACIÓN

Me llamo Seaman (marinero) y posiblemente sea el perro más mencionado en los libros de historia. Y con razón. Mi epopeya merece ser recordada por y para las generaciones venideras, pues moldeé el mapa, y con él la historia, de los Estados Unidos de Norteamérica.

¡Quién me lo iba a decir! Una decisión tomada en un palacio a las afueras de París, en el de Malmaison concretamente, hizo de mi vida algo digno de ser reseñado en los anales de la historia. Allí, Napoleón, el que entonces dictaba lo que se hacía en Europa, ponía o quitaba reyes, cambiaba fronteras o invadía un país u otro, creyó conveniente vender una porción de los que hoy es un tercio del territorio de los EE. UU. –por entonces bajo dominio francés– a la recién nacida nación norteamericana representada por su presidente, Thomas Jefferson. Esa adquisición –la compra de Luisiana– supuso doblar el tamaño del país. En aquel tiempo los territorios recién adquiridos eran tierra en su mayor parte inexplorada, así que el presidente ordenó –y financió– una expedición que permitiese conocerla y afirmase, más allá de toda duda y tentación de británicos, españoles o franceses, los derechos de los EE. UU. desde el río Mississippi hasta el océano Pacífico. Al mando de los exploradores estuvo quien más tarde sería mi dueño, el capitán Meriwether Lewis, y su segundo William Clark. ¿La misión? Partir de la ciudad de San Louis –límite entonces de los territorios explorados y propiamente adheridos a la nación– y llegar al Pacífico. Cómo hacerlo y a qué peligros nos íbamos a enfrentar era harina de otro costal.

Lewis me compró en San Louis. Le gustó mi tamaño, casi 70 kg, y mi raza, un *newfoundland* capaz de caminar largas jornadas, nadar casi tan bien como un castor, proteger el campamento y ayudar a cazar si era necesario. Y a fe mía que fue necesario. Cazar y muchas cosas más.

Nadie podía aventurar que aquella expedición iba a durar más de 2 años, durante los cuales me especialicé en hacerme con ardillas –que el capitán asaba al fuego–, patos, así como en labores de vigilancia, pues los osos y los belicosos nativos merodeaban por aquellos espacios enormes que estuvimos poniendo en el mapa durante más de 800 días.

Hubo 2 veces en las que casi no lo cuento. La primera fue un mordisco que me dio un castor en una de las patas traseras. Los afilados dientes de ese roedor –que construye presas en el río a base de cortar troncos de árbol con sus incisivos– me seccionaron una arteria. Pero el capitán Lewis se apañó para cosérmela y me recuperé bastante bien. Aunque tuve mala suerte porque más tarde uno de los caballos me pisó en el mismo lugar y la cojera me acompañó ya durante el resto de mis días. En otra ocasión fueron los indios los que se me llevaron con ellos. Yo siempre les había gustado. Les llamaban la atención mi aspecto y mi talla, enorme en comparación con los canes que tenían en sus poblados. Pero el capitán no me dejó. Mandó a tres soldados a buscarme hasta que dieron conmigo.

Siempre que podíamos utilizábamos los ríos como medio de locomoción para avanzar hacia el oeste y el norte –queríamos evitar los territorios más al sur, pues eran dominio español–. Descubrimos las aguas bravas del río Missouri, establecimos contacto con más de 20 tribus nativas, pasamos las montañas rocosas –cargando con las canoas–, navegamos otros ríos de aguas límpidas que nos acercaban a nuestro objetivo, pues, pasada la alta cordillera, los cauces fluían ya hacia nuestro destino: el océano Pacífico, que pudimos ver por fin en noviembre de 1805, aunque aún tardamos 2 semanas más en llegar, exhaustos, a su orilla.

Referencia obligada hoy en los libros de historia, esta misión fue para mí un viaje excepcional, pero por razones distintas a las que mencionan los textos escolares. A mí poco me importaba la cartografía o poner más o menos banderas de la Unión en puntos elevados. Lo que para mí hizo de esta travesía algo único fue que estaba a mis anchas en plena naturaleza, comía carne de caza casi a diario –especialmente gustosa me resultaba la de la chepa de los bisontes, así como su lengua–, y además me crucé con no pocas hembras que encontré en distintos poblados indios. A mi regreso vi a unos cuantos perros negros, mestizos y tan aficionados al agua como yo. Seguro que no pocos eran hijos míos.

Una vez en el océano, que yo nunca había visto y que me impresionó por su oleaje y rugir, el invierno acechaba y amenazaba con ser tan frío como el que habíamos sufrido en las cumbres de las Rocosas, así que tocó acampar y pasar los rigores invernales allí en lo que hoy es el estado de Washington, en el estuario del río Columbia.

El viaje de vuelta fue mucho más rápido, aunque no exento de peligros y aventuras, pero ya caminábamos sobre terreno conocido, lo que lo hizo más llevadero.

Tras el regreso la existencia se tornó muy difícil para el capitán Lewis: deudas y alcohol le amargaron la vida. Tanto que decidió quitársela poco después. Aunque antes se aseguró de que me adoptasen y que mi futuro –ya breve por entonces– estuviese asegurado y en buenas manos. ¡Qué gran tipo fue el capitán, un auténtico líder!

Meriwether y yo, juntos, descubrimos gran parte de lo que hoy son los EE. UU. Lo acompañé mientras dibujaba mapas, hacía observaciones astronómicas, o recogía ejemplares de flora y fauna para los científicos. Exploramos un continente, sus ríos, montañas y valles, y conquistamos ese territorio que, sin nosotros, hubiera caído en manos británicas.

Hoy más de 15 monumentos se erigen en mi memoria.

Soy Seaman (marinero), el perro que construyó América del Norte.

7. DE PASEO POR LOS CAFÉS DE TOKYO

La capital de Japón es una metrópoli impresionante. Sorprende al viajero por los contrastes tan marcados entre la modernidad más absoluta de los rascacielos, el tren bala o las tiendas con los avances electrónicos más punteros y la tradición tan enraizada y conservada de esta sociedad: las *geishas*, el *sumo* o los templos budistas. Todo ello salpimentado con un respeto absoluto por la naturaleza. Resulta sobrecogedor pasear por esta megalópolis y contemplar el espectáculo primaveral de los cerezos en flor.

El modo de vida nipón es muy diferente del occidental y la forma de pasar el tiempo de ocio es distinta también. Mi trabajo es prueba de ello porque, aunque ahora ya comienza a verse en algún país de vuestro hemisferio, representa muy bien el espíritu de mi nación.

Yo trabajo unas 8 horas al día, como vosotros más o menos, aunque tenemos tiempo de descanso y no siempre el local está lleno de clientes. Soy uno de los 10 canes que dan vida a un café bar con perros. Los hay de gatos y otros animales como mapaches o reptiles, pero este es solo de perros. Debo deciros que los dueños del local han sido muy escrupulosos en la selección de animales. A todos nos han rescatado de refugios. Gracias a este bar hemos tenido una segunda oportunidad. Los turnos de trabajo son rotatorios, no están permitidos niños de menos de 6 años, ni que los clientes nos den de comer, todo para que estemos en las mejores condiciones. Tanto es así que solo se puede acudir con reserva, así ya se sabe de antemano la cantidad de gente que vendrá y el trabajo que tendremos.

Cuando llegan los parroquianos a tomarse un café o refresco nuestro cometido es estar allí. Jugueteamos con los clientes —si quieren, claro, aunque la inmensa mayoría vienen a eso—, nos dejamos acariciar, mimar —he de confesaros que alguno de extranjis nos da alguna chuche, a lo que los camareros suelen hacer la vista gorda—. También es posible sacarnos a pasear —eso tiene un coste adicional de unos 12€/ hora—, e incluso, si algún asiduo se encariña mucho con alguno de nosotros, puede llegar a adoptarnos —aunque para ello debe pasar una serie de cuestionarios e inspecciones.

Estamos siempre muy limpios y cepillados —y, por supuesto, vacunados y desparasitados—, pero por si esto no fuera suficiente, todos los que entran a consumir aquí deben vestir un mandil para que no se les estropee o ensucie la ropa y evitar así conflictos con el servicio.

Hay muchos cafés así en Tokio, incluso uno donde solo hay perros que por accidente quedaron mutilados y cuyos dueños se desprendieron de ellos. Hoy esas mascotas, lejos de estar marginadas, son un ejemplo y reciben mimos y atenciones de los que se toman una copa en ese establecimiento.

Y no creáis que es algo para turistas —aunque muchos nos visitan—: los que vienen con más frecuencia son los propios japoneses. Les gusta, les quita el estrés y tenemos verdaderos entusiastas que se dejan caer por aquí casi a diario. Algunos tienen perro en casa, pero disfrutan igualmente con nosotros, mientras que a otros les sirve como un servicio de «tenga perro por unas horas sin preocuparse de cuidarlo o de horarios». Digamos que es un *outsourcing* perruno al que cada día se apuntan más.

Lo que sí puedo afirmar sin miedo a equivocarme es que os gustamos mucho, necesitáis de nosotros y, cuando no podéis tenernos a tiempo completo, decidís acudir a estos cafés a disfrutar, aunque sea por unos minutos, de nuestra compañía.

8. EL CAZADOR DE FRAILECILLOS

Los frailecillos (*Fratercula arctica*) son esas aves que viven en las frías costas del norte de Europa. Tienen el plumaje parecido al de un pingüino, blanco en la tripa y negro en la espalda, con dos patas anaranjadas equipadas con membranas entre los dedos para nadar bien —son consumados pescadores— y un pico muy grande y multicolor que les hace fácilmente reconocibles.

¿Cómo se le puede ocurrir a alguien querer cazar a esas simpáticas y hermosas aves, os preguntaréis? Hoy mi país, Noruega, es un reclamo turístico de primer orden gracias a la belleza incomparable de su paisaje. Los fiordos atraen visitantes de todo el mundo, que contemplan boquiabiertos los acantilados de cientos de metros que, como gigantescos guardianes, dominan un océano cuyo oleaje pugna por invadir la tierra firme. Torrentes y cascadas se precipitan de la verde tierra sobre el azul marino, en un contraste cromático inigualable. Pero hace 400 o 500 años la vida para los pocos que habitaban estas regiones era tremendamente dura. El clima helado, inmisericorde, los muchos meses sin luz hacían casi imposible que pudiera vivir de los cultivos. La caza era imprescindible para sobrevivir. Por esa razón yo fui tan importante para los noruegos de antaño. Yo, un pequeño perro, el *lundehund* noruego −*lunde* significa frailecillo y *hund* cazar− les proporcionaba frailecillos para comer, esa simpática ave hoy base de la dieta de ayer, que fui el único capaz de atrapar con éxito, hasta que me sustituyó −como a tantos animales domésticos− la tecnología.

Tan importantes éramos que no había casa en la que no hubiera 2, 5 o hasta 12 perros de mi raza, porque solo los *lundehund* podíamos cazar esas aves.

Debéis saber que los frailecillos hacen su nido al final de estrechos túneles que ellos mismos excavan en lo más escarpado de los acantilados. Para una persona sería suicida intentar agarrarlos. No hay donde apoyarse; quien lo intentara acabaría despeñándose. Pero para eso nos teníais a nosotros, perros adaptados a ese entorno por varias razones: somos pequeños y tremendamente flexibles, somos capaces de girar la cabeza tanto que podemos apoyar la parte superior del cráneo en la espalda. Ningún otro perro puede hacerlo. Además, podemos cerrar completamente el canal auditivo a voluntad, protegiéndolo así del agua o la suciedad de las galerías por las que pasamos. Y lo más llamativo e importante: tenemos 6 dedos en cada pata —cosa única entre los canes—. Eso nos proporciona una gran estabilidad y capacidad de agarre en superficies pequeñas, estrechas y resbaladizas. Añádase a todo lo anterior el que poseemos una doble capa de pelo para protegernos de los rigores árticos, lo que nos convierte en el can perfecto para estas latitudes nórdicas.

Pero eso no evitó que estuviéramos a punto de extinguirnos. Éramos muy importantes para la sociedad noruega, tanto que las autoridades promulgaron un impuesto por tenernos, aunque poco después se inventó un sistema de redes muy eficaz para cazar a los frailecillos. Las mallas no pagaban impuestos, así que poco a poco fuimos quedando relegados. Lo peor, sin embargo, estaba por llegar: varias epidemias de moquillo acabaron con la mayoría de nosotros. Estuvimos al borde de la extinción. Fue gracias a los esfuerzos de algunos amantes de este linaje y a los pocos ejemplares que quedaron en las islas más alejadas del continente que se pudieron recuperar suficientes individuos como para revitalizar nuestra estirpe.

Hoy ya no cazamos frailecillos —su caza está prohibida ahora— y nos hemos convertido en animales de compañía, muy cariñosos y amables, por cierto. No somos muchos, pero en nuestro país de origen y en algún otro como los EE. UU. somos muy populares.

9. EL INSPECTOR DE VINOS

Me gusta subir a una de las lomas que limita los viñedos en los que trabajo. Desde allí a oriente puedo ver la inmensa pared de los Andes con sus cimas nevadas y a occidente la infinitud del océano Pacífico, cuyas corrientes atemperan el clima de esta región chilena, lo que permite que se hayan multiplicado las vides, y con ellas, la producción de unos vinos excelentes.

¿Y qué hace un labrador dorado como yo en una viña? Pues he de confesaros que todo gira alrededor de 2 compuestos químicos de nombres impronunciables: el 2,4,6-trichloroanisol (TCA) y el 2,4,6-tribromoanisol (TBA). Estas moléculas huelen fatal, tanto que su aparición en los caldos de la bodega supone la ruina, pues convierten el vino en un líquido imbebible que hay que destruir.

Los responsables son unos hongos microscópicos que a veces crecen en la madera donde envejece el vino y producen esa putrefacción que en el argot de los vinateros se llama «olor a corcho» y hace que la bebida pierda toda su calidad.

Imaginaos: cultivar las vides, recoger la uva, fermentar el mosto para que dé vino, madurarlo durante varios meses en barricas de roble, después esperar 1 o 2 años a que acabe de redondear su sabor en la botella, en el silencio de las bodegas, para que, al descorcharlo, en lugar del *bouquet* agradable de un buen vino nos sacuda el olfato un olor a corcho podrido.

Así que trabajamos para asegurarnos de que ninguna barrica de madera cree ese problema.

Para mí ha sido genial encontrar este oficio. Soy una perrita —me llaman Ambrosia— que trabajó durante años en aeropuertos para detectar explosivos y, cuando me jubilé, un equipo que estaba empleado para varios productores de vino me fichó y ahora visito las bodegas más famosas del país, y entre ellas esta del valle de Leyda, a unos pocos kilómetros del océano y con preciosas vistas a las mayores montañas de Sudamérica. Este trabajo es mucho menos demandante que estar varias horas a diario en una terminal aeroportuaria. Aquí el esfuerzo es más pausado, sin las prisas de los miles de equipajes que llenan las cintas transportadoras. Por eso, aunque sea ya un poco vieja, puedo prestar mis servicios en las bodegas.

Nuestro cometido —no trabajo sola, me acompañan Moro y Odysé— es oler las barricas y todo el material que se usa para producir los caldos y detectar el olor del hongo. Si está ahí hay que limpiar todo de arriba abajo y cambiar los utensilios para que el vino pueda mantener la máxima calidad. Yo puedo olerlo cuando su presencia es mínima, y por eso mi alerta temprana sirve para evitar que se pierda una cosecha entera.

Los *golden*, como podréis ver a lo largo de estas páginas, al tener muy buen olfato y mejor carácter, somos de las razas más presentes en labores con perros. Además, nuestro aspecto dorado —aunque también los hay negros—, bonachón, lanudo y grande nos convierte en una de las razas favoritas en el hogar y en múltiples funciones que desempeñamos para vosotros.

Cuando degusten su próxima copa no se olviden de brindar a mi salud.

10. EL CAZADOR DE LEONES

Por mis venas corre sangre europea y africana. Aunque mi raza ya está aceptada en los pedigrís de las asociaciones que dictan la pureza de las razas caninas, no dejo de ser un perro mestizo porque soy fruto de la combinación de canes de las tribus hotentotes sudafricanas con algunas de las grandes estirpes europeas como el gran danés. Así que, sin ser enorme, soy muy fuerte, con 35 kg de peso, orejas caídas, cabeza recia y miembros bien musculados. Los colonos africanos me adoptaron como perro para la caza.

Hoy soy el preferido de muchos amantes de los perros por mi pelaje, y más concretamente por una característica muy concreta de este: la cresta que a contra pelo crece a lo largo de mi columna vertebral y que marca nuestro raquis con una banda de pelo rebelde que se destaca de forma evidente del resto de la pelambrera. Cuenta la historia que los que tenemos esta particularidad somos mejores cazadores y por ello fuimos seleccionados.

Para los primeros colonos estas tierras resultaron muy difíciles de domeñar. Aunque terreno y fauna eran ubérrimos, era muy duro obtener fruto de ellas.

Uno de los mayores desafíos lo representaban los predadores, y especialmente los leones, que atacaban a ganado y personas, pérdidas que, en una época ayuna de consideraciones ecológicas, desencadenaron la caza y el exterminio de los grandes felinos.

Claro que para ello fue necesario encontrar a quien se pudiera enfrentar a la mayor y más peligrosa fiera de la sabana. Y esa herramienta fuimos los perros crestados de Rodesia –hoy Zimbabwe– una raza que, aunque incapaz de pelear en igualdad de condiciones con un león, posee el coraje de plantarle cara, rodeándolo en un pequeño espacio a la espera de que el cazador llegue con su arma letal para cobrarse la pieza.

Quizá no sea un pasado como para estar orgulloso, pues casi terminamos con algunas especies muy valiosas, pero nuestra actividad cinegética ya es cosa del pasado. Hoy la sabana vuelve a mostrarse rica en antílopes, elefantes, leones, búfalos y leopardos. Y los perros crestados de Rodesia ya no cazamos: nos hemos convertido en una raza selecta de compañía presente en todo el mundo. Porque a nuestro valor frente a los leones debe unírsele nuestro buen carácter, fidelidad y cariño para con nuestros tutores. Hemos abandonado la caza y con nuestro pelaje dorsal a contrapelo ahora hemos conquistado vuestros hogares.

11. PERRO CHAMÁN

Aunque los perros llegamos a Sudamérica siguién-
doos hace milenios, nuestra presencia en la cuenca
amazónica es muy reciente, apenas unos 100 años.
La selva y sus habitantes siguen siendo un misterio.
Adentrarse en la jungla es muy difícil; cuando surcas uno de
sus innumerables ríos y dejas la barca atrás te enfrentas a
un muro verde prácticamente impenetrable. Nosotros lo tenemos un poco mejor: sabemos escabullirnos por la maleza,
aunque también tenemos predadores: los caimanes y los ja-
guares no dudan en zamparse un perro si se les pone a tiro.
En la selva es muy fácil perderse, sobre todo para los humanos, porque no tenéis puntos de referencia. A nosotros, sin
embargo, nuestra nariz nos lleva hacia nuestro poblado.

Yo vivo con los nativos runa del Ecuador. A cualquier viajero poco conocedor de las costumbres locales le parecerá que los indígenas no nos hacen ningún caso. De hecho raramente nos dan de comer y tenemos que buscarnos la vida y cazar algunas presas o apañárnoslas con carroña. Pero las apariencias engañan. Los runa saben que podemos ver y detectar caza, enemigos o predadores antes que ellos. Piensan que tenemos poderes sobrenaturales, y por eso para su cultura es importante la interpretación de nuestros sueños. Esa es la razón por la que somos muy apreciados. Así, por poner un ejemplo, si durante nuestro sueño emitimos un sonido parecido al de un ladrido, eso es interpretado como que vamos a cazar una buena pieza y habrá comida para todos. Si, por el contrario, gemimos al dormir, eso puede indicar que nuestra muerte está cercana.

Para los runa, los canes tenemos alma porque podemos detectar a otros seres vivos. También la tienen los agutíes, roedores que habitan esta jungla, porque ellos nos detectan a nosotros. Los nativos creen que los agutíes tienen esa capacidad en la vesícula biliar, y nos la dan de comer porque consideran que así seremos más eficaces a la hora de encontrar caza.

Los perros somos una parte clave de su forma de ver la vida. Por eso, cuando uno de nosotros se vuelve perezoso y deja de ser un buen cazador le administran alucinógenos para que pueda entender el lenguaje humano y entonces le recitan una serie de consejos para que vuelva a comportarse como un perro despierto y vigilante.

Vivir en la selva resulta complicado, sobre todo cuando la comida escasea, pero cuando hay suficiente es un buen lugar. Somos respetados por los runa y podemos dormir largas horas bajo en sus chozas elevadas, a resguardo del sol, y así les advertimos también si aparece alguna serpiente.

Somos perros chamanes, canes con poderes, vitales para la sociedad runa.

12. LOS PERROS HÁMSTER

El siglo XVI fue particularmente convulso en Inglaterra. Enrique VIII provocó un desgarro mayúsculo en esa sociedad cuando decidió romper, por un asunto de faldas, con la Iglesia católica para, total, acabar decapitando poco después a Ana Bolena, con quien se había casado contraviniendo las indicaciones del papa. Años después, su hija Isabel I se anotó como propia la derrota que las tormentas le infligieron a la hasta entonces conocida como Invencible armada española.

Ajeno a todo ello, yo observo cómo los comensales disfrutan de sus viandas, alrededor de una mesa de un mesón cualquiera del país. La carne más popular, la que reservan para sus mejores clientes, es la de vaca, el *beef* para los ingleses.

Cocinarlo no es fácil. Las piezas son grandes y deben asarse durante horas para que queden en su punto. El mejor modo de conseguirlo es insertar la pieza entre dos grandes ganchos y hacerla girar sobre el fuego. El calor, los humos, el intenso ejercicio y la magra paga hacen que pocos quieran llevar a cabo ese trabajo agotador. La falta de pinches de cocina agudiza el ingenio de los restauradores, que hallaron en unos pequeños canes, como el que esto os cuenta, la solución a sus problemas. No se les ocurrió mejor idea que seleccionar perros pequeños, con las patas muy cortas, de tamaño similar a los *datschounds* o perros salschicha actuales, y meternos en unas ruedas que, conectadas con los pinchos en los que estaba insertada la carne, permitía que hiciéramos que esta girase sobre el fuego y se asase de manera homogénea por todos lados.

Para ello, los pequeños perros teníamos que correr y hacer girar la rueda, como si de hámsters se tratara. Correr sin descanso durante horas, pues de lo contrario la pierna de la res se quemaría por un lado y quedaría cruda por el otro.

Yo trabajo en una taberna de Gales. Hoy hay muchos clientes y llevo 5 horas corriendo, haciendo girar la rueda. Correr y correr durante horas sin ir a ninguna parte, sin ningún otro estímulo. Un aburrimiento. Además, hoy estoy más cansado de lo habitual; el humo forma una densa neblina y resulta difícil respirar. Pero no hay descanso para los perros como yo, de los que incluso Shakespeare dijo que solo «eran útiles para girar la rueda», y a los que Linneo, el padre de la taxonomía, clasificó como *Canis vertigus* o perros mareados. No hay descanso porque, si mi ritmo flojea, uno de los cocineros arrojará una brasa ardiente a mis pies para que recuerde –como si lo hubiera olvidado alguna vez– que la debilidad se paga con fuego y quemaduras en las patas.

Tan solo cuando el último comensal deje el mesón podré descansar y, con un poco de suerte, roer uno de los huesos que mi fuerza motriz ha permitido cocinar.

Hoy hay, no obstante, una novedad: una perrita, un poco más pequeña que yo. La han traído los dueños de la taberna, prestada de otra posada, para que me cruce con ella y así poder tener más perros hámsters para otros restaurantes. Y perpetuar, nunca mejor dicho, la rueda.

La llegada de los motores a vapor primero y los eléctricos más tarde acabó con nuestro malhadado oficio. Ya no hay perros hámster, ya no es necesaria nuestra tracción para cocinar las viandas de los albergues y restaurantes, así que nos extinguimos. El último ejemplar conocido se llamaba Whiskey y su cuerpo embalsamado puede verse en un museo de Gales.

13. DETECTAR EXCREMENTOS DE BALLENAS

A mí me abandonaron cuando era una cachorrita; imagino que al pesar muy poco al nacer pensaron que tenía pocas opciones de sobrevivir. Tuve suerte cuando unos chicos me encontraron en el contenedor al que me habían arrojado y me entregaron a un refugio en Sacramento, la ciudad californiana ubicada en el valle del río del mismo nombre, bautizado así por los españoles que llegaron por aquí a principios del siglo XIX.

Me adoptó una investigadora –Liz–, que ya tenía otro perro, con el que hice muy buenas migas enseguida. Me cambió el nombre y me puso Eba. Pero mi buena estrella no terminó ahí. En el centro donde investiga mi ama necesitaban entrenar a perros para detectar olores, y concretamente el de las heces de las orcas. ¿Qué interés pueden tener las cagarrutas de una ballena para los científicos? Pues parece que mucho. Así pueden saber lo que comen estos animales, identificar hormonas para saber si están o no estresadas, ver si tienen parásitos o tóxicos o microplásticos. Su estudio nos da pistas del estado de salud del océano. Así que ya veis que es muy importante.

Comencé entrenando en tierra y aprendí muy rápido. Pero no es lo mismo detectar una muestra en tierra que hacerlo en el mar. Muchos perros se marean, aunque yo no. Yo me adapté enseguida.

Para recoger las muestras –aunque las ballenas son grandes, sus deposiciones oscilan desde el tamaño de una bandeja hasta el de una moneda– no podemos seguir a las orcas muy de cerca porque eso las pone nerviosas, pues piensan que queremos cazarlas.

Cuando el capitán ve un grupo de cetáceos se sitúa a unos 400 m de distancia, con la proa de la nave apuntando en dirección perpendicular a su trayectoria. Una vez ahí va acercándose lentamente. Aunque a veces, según de dónde venga el viento, debe ponerse directamente detrás del grupo de ballenas.

Ahí entro yo en escena. Observo la maniobra del capitán y, conforme el barco se acerca a las orcas, puedo comenzar a detectar sus deposiciones. Cuando huelo esas cacas hago un gesto con la cabeza, a derecha o a izquierda, para dirigir la embarcación a babor o estribor.

Encontrar heces del tamaño de una moneda en medio del mar sería para vosotros como notar el sabor de una cucharada de azúcar en 5.000 litros de agua. ¡Pero ese es el poder de nuestra nariz canina! Tras recoger los excrementos me dan mi juguete favorito. ¡Eso es lo mejor!

Como mi misión es muy curiosa y ha despertado mucho interés he salido en la tele varias veces, y en mi pueblo, donde vivo ahora, Friday Harbor, en el hermoso estado de Washington, soy bastante popular.

Muchos quisieran tener mi fortuna: estar casi a diario en el océano Pacífico, rodeado de gente que me quiere y con un trabajo importante para la ciencia y las ballenas, fundamentales para el equilibrio de los mares.

14. EL CABALLO DEL POBRE

Para entender lo que os voy a narrar tenéis que situaros en Francia, en 1855, año nefasto para los perros. Nací muy cerca del Loira, un majestuoso río que recorre la parte noroccidental de Francia y que sirvió de frontera entre las tropas inglesas y galas durante la Guerra de los Cien Años. Es una región muy bella, rica en bosques y palacios medievales cargados de historia. Aquí vivieron y murieron reyes, los soberanos más poderosos de la época, e incluso el genio renacentista Leonardo da Vinci vino a esta tierra a acabar sus días. Pero los paisajes más hermosos pueden ser escenario de historias duras, como la que os voy a contar, no tanto sobre mí como sobre otros perros que viven donde lo hago yo.

Soy un cruce, he salido parecido a un *spaniel* bretón, aunque bastante más grande que este: orejas caídas, pecho amplio, pelaje canela y blanco, y un morro que cae a pico dejando una frente amplia y despejada. Trabajo duro, todos los días, sin descanso. Pero no me quejo. Mi dueño es el panadero del pueblo y lo acompaño a hacer el reparto de las hogazas por las casas y caseríos de la comarca. Mi misión es tirar de un pequeño carro que carga los panes y a mi dueño. Hacemos unos 20 km todos los días. Soy un tipo con suerte porque mi amo se gana bien la vida. Todo el mundo compra pan, así que no me falta comida, más pan seco que carne, pero para ir tirando —nunca mejor dicho— tengo bastante. No corren la misma suerte muchos colegas míos, perros que, uncidos también a un carro por correas menos gruesas —y por ello más lacerantes— que las mías, arrastran cargas mucho más pesadas, como el lechero, el leñador, que reparte pesados troncos —aunque son 2 los canes que tiran de su carromato—, o el propio cartero, no porque la correspondencia sea muy voluminosa o pesada en esta pequeña villa del Loira, sino porque el funcionario debe pesar, a ojo de buen cubero, más de 120 kg.

Tan solo en este pueblo somos 300 los perros que trabajamos a diario para el reparto y transporte de todo tipo de bienes. Decía que tengo suerte porque además de comer bastante bien, los hijos de mi dueño me curan si las correas me dañan la piel o si tengo alguna herida en las almohadillas. Claro que de vez en cuando el panadero me cede a otros comerciantes a cambio de unas pocas monedas para que lleve sus pesadas cargas. Y ahí la cosa cambia. Me ha tocado tirar de carromatos muy pesados y también me ha caído algún latigazo, así que sé de lo que hablo cuando me refiero a otros perros con menos fortuna que yo.

De unas semanas a esta parte, en nuestras rutas matutinas, especialmente cerca del pueblo, nos hemos cruzado con varios cadáveres de perros, casi siempre abatidos a tiros o colgados de un árbol. Cuando vemos uno, mi dueño me acaricia la cabeza; creo que quiere tranquilizarme, y la verdad es que lo consigue solo a medias.

Parece que el Gobierno ha puesto en marcha un impuesto de 5 francos por cada perro que se posea. Dicen que con ello quieren evitar que siga creciendo la población canina y controlar la rabia −le oí decir algo de un tal Pasteur que quiere encontrar una cura para esa enfermedad mortal para hombres y canes.

Pero la realidad es que si mucha gente no tiene ni para darle de comer a su perro, mucho menos podrá pagar 5 francos anuales por cada uno que posean. No hay más que ver cuántos de mis amigos están esqueléticos, tirando de cargas enormes, guiadas por sus amos, frecuentemente tan magros como ellos. Y es que, aunque el perro sirve como tiro para quien no necesita o no puede permitirse un caballo, para muchos, incluso un modesto perro mil leches, es una carga enorme cuando en casa hay 5, 8 o 10 bocas que alimentar.

Así que, por muy buena que se vea esta norma en los despachos de París, en provincias vivimos las consecuencias con un reguero de perros muertos, visión que acompaña a mis rutas de reparto cada mañana desde hace unas semanas.

Hoy me duele un poco la cadera; me voy haciendo mayor. Cuando llegué a la panadería había un perro viejo que casi nunca tiraba de los panes, pero al que los chicos también cuidaban y querían. Creo que no tardaré en estar como él. Espero que Jacques y sus hijos sean tan respetuosos conmigo como lo fueron con el viejo can que me precedió. Estoy seguro de que así será. Os lo he dicho ya: soy un tipo con suerte.

15. LOS RATONEROS

En el siglo XIX Londres se convirtió en la mayor ciudad del mundo. En 90 años su población pasó de 1 a casi 6 millones de almas. Centro neurálgico del Imperio británico, atraía como un imán mano de obra rural cada vez más necesaria en la gran urbe. Su puerto recibía mercancías e inmigrantes de todo el planeta. Las condiciones de vida de la mayoría eran paupérrimas, la sanitización de las aguas deficiente —hubo una epidemia de cólera en 1854— y, como sucede en este tipo de circunstancias, la presencia de ratas era cotidiana, aunque a veces en ciertos barrios o épocas del año se multiplicaban tanto que hasta las autoridades se veían obligadas a tomar cartas en el asunto.

Y ahí comienza mi historia, porque soy un *fox terrier*, una raza de perros especialista en cazar ratas. Pequeños pero muy fuertes, de patas cortas, cola tiesa, carácter nervioso y tamaño relativamente pequeño, con 7 u 8 kg, salimos tras ellas en cuanto asoman de su escondrijo y de un mordisco las eliminamos. Dicen que la palabra *terrier* viene del latín *terra* (tierra) porque nos metemos en cualquier agujero para cazarlas. Tal es la fuerza de nuestro instinto que no perdemos ocasión de ir a por ellas, estén donde estén, cueste lo que cueste. Las ratas pueden llegar a ser nuestra obsesión.

Yo trabajo para Jack Black, un cazador de ratas profesional que ha obtenido el título de cazador de ratas oficial de la reina Victoria. Un personaje que ha hecho del control de estos roedores no solo su profesión sino un sello de orgullo, pues es el mejor en su especialidad. No les tiene miedo en absoluto, las agarra con la mano sin dudar, aunque eso le haya costado múltiples cicatrices de mordeduras.

Cuando en un barrio la infestación de estos roedores se vuelve insufrible llaman a Jack Black. Si las ratas están por doquier me suelta a mí y a otros 5 *fox terriers* y damos buena cuenta de ellas. Yo soy muy bueno en mi cometido. No tan bueno como el gran Billy, un *bull terrier* que acabó con 100 ratas en 5,5 minutos –tal y como puede verse en el Libro Guinness de los Récords–, o 4.000 en 17 horas, aunque no os creáis que yo le ando muy lejos. Por eso Jack me cuida y me da mucho de comer.

A veces las ratas están más escondidas, sobre todo en el campo, donde encuentran más recovecos y donde, si no se toman medidas, pueden comerse todo el grano de la cosecha. Se escabullen en la paja, en los montones de estiércol o en madrigueras hechas en la tierra y ahí crían en abundancia nuevas generaciones para comerse todo lo que encuentren a mano.

El trabajo primero consiste en sacarlas de sus guaridas. Jack usa para ello hurones. Pequeños, flexibles, son capaces de meterse en los agujeros y canales más diminutos. Las ratas les tienen mucho miedo y salen despavoridas de sus nidos, y ahí estoy yo, con mis otros colegas, esperándolas. Nuestro oficio –y con él nuestros genes– llegó a todos los rincones del mundo como EE. UU. o Jerez de la Frontera, donde los ingleses llevaron *terriers* para controlar a los ratones de las bodegas donde se hacen los famosos vinos de Jerez. Nuestro cruce con los perros locales dio lugar a la bonita raza ratonero bodeguero andaluz, algo más grande, de pelo corto y color blanco, para que fuésemos fácilmente visibles en el interior de las bodegas, aunque la cara la tenemos tupida con pelos negro y fuego.

Con el alcantarillado y los raticidas nos hemos convertido prácticamente en animales de compañía, aunque me cuentan que aún hay lugares donde somos necesarios como ratoneros. Parece que los venenos contra las ratas son menos eficaces y, por ello, donde estos roedores proliferan sin control –como en algunos barrios de Nueva York–, tienen que recurrir a nosotros, a los ratoneros de toda la vida, para hacerse con ellas.

Y os digo una cosa: con uno de nuestros mordiscos la rata muere al instante, mientras que con un veneno tarda días en dejar este mundo, así que, aunque os pueda parecer una solución desagradable, algunos la consideran la más humanitaria para el control de roedores.

¡Y es que hasta en esto de cazar ratas ganamos a los gatos!

16. EN PRESIDIO

Allí donde esté el ser humano lo acompañará un perro. Incluso en los lugares más remotos, allí donde ni siquiera vosotros queréis estar os acompañamos.

La cárcel es uno de ellos. Yo he pasado largo tiempo en prisión. En el fondo es una historia muy positiva en la que participamos miles de perros en todo el mundo. Pero veamos cómo comenzó.

Atlanta es una de las ciudades más bonitas de los EE. UU. Si tenéis ocasión de visitarla no os perdáis su maravilloso acuario, con centenares de especies, o el legado de Martin Luther King. Visitar la iglesia en la que predicaba y escuchar alguno de sus sermones —un altavoz los repite para los visitantes— pone la piel gallina incluso tantos años después de su muerte. Sus restos reposan en esta ciudad. Además, Atlanta es la sede mundial de la Coca-Cola y el museo dedicado a esta bebida es de lo más divertido.

Lo contrario de mi vida, que hasta hace muy poco no ha tenido nada de lúdica. Nací en la calle y en ella me crié, husmeando aquí y allá. Algunos chavales del vecindario me daban de comer, me dejaban estar con ellos unos días, pero nunca tuve un hogar.

No lo tuve fácil. Además de ser un perro callejero soy de raza *pitbull*. Nuestro aspecto, cabeza grande, mandíbula que impone respeto y el que hayamos sido los perros preferidos de maleantes y gente de mal vivir nos ha conferido fama —injusta— de ser agresivos, y eso no ayuda a encontrar un hogar.

Tras mucho vagar por los suburbios de la capital de Georgia, un buen día me metieron en una protectora. He de deciros que allí me trataron muy bien, me desparasitaron y dieron de comer a diario, aunque claro, no podía vagabundear de aquí para allá tal y como estaba acostumbrado a hacer. Pero los *pitbulls* no somos populares, lo fuimos mucho hace unas décadas, pero hoy la mala reputación nos ha puesto las cosas muy difíciles, tanto que la gente que venía al refugio a llevarse un perro me echaba un rápido vistazo y se interesaba sin excepción por chuchos de otras razas o mestizos.

Todo cambió el día en que a la protectora llegaron dos policías. Prestaron atención a unos cuantos perros, nos sacaron a pasear; querían ver si nos dejábamos acariciar, qué carácter teníamos. Me montaron en el coche con otros dos colegas que también llevaban un tiempo en la perrera y nos llevaron a la cárcel. Acabábamos de ser fichados para participar en un programa de reinserción de presos.

Aunque debería decir reinserción de presos y de perros, porque los presidiarios tenían la función de entrenarnos en obediencia, lo que luego facilitaría nuestra adopción, y nosotros les aportábamos una socialización que les permitiese ganar en confianza y autoestima, elementos clave para poder reintegrarse en la sociedad. A mí me tocó hacer binomio con Sammy. De primeras me pareció un tipo malencarado, rapado al cero y con los dientes frontales partidos. Ha cumplido ya 3 lustros de condena. De chaval, con 20 años se vio envuelto en un atraco. 2 personas murieron. Drogas, juventud y malas compañías, un cóctel explosivo, por lo menos para Sammy. Lo cierto es que nos encariñamos enseguida el uno con el otro. Si los perros pudiésemos emocionarnos como vosotros, os aseguro que me hubiera echado a llorar de alegría cuando un día, al venir a buscarme a la perrera para los ejercicios, Jimmy le dijo a un guardia: «Ahora que estoy con mi perro no tengo la sensación de estar en la cárcel; estoy tan feliz como un niño abriendo los regalos del día de Navidad». Ya veis, ese es el poder de los perros: podemos cambiar vidas.

Sammy salió de la cárcel poco después y me llevó a vivir con él. Somos inseparables. Ahora tiene un empleo, gana poco y no le está resultando fácil integrarse de nuevo en la comunidad, pero veo en su mirada que paso a paso lo va a conseguir.

Son ya muchos los centros penitenciarios que aplican estos programas. Los perros ganamos porque durante esta formación aprendemos a comportarnos adecuadamente en sociedad, lo que nos hace más fácilmente adoptables. Los presos aprenden técnicas con nosotros que pueden ayudarlos en su empleabilidad, pero sobre todo aprenden a cuidar de alguien, reciben cariño a raudales –para muchos es un auténtico *shock*– y su reinserción es más rápida y mejor.

Os dejo, Sammy acaba de llegar y por el tono de voz con el que me llama me parece que nos vamos a pasear.

17. KUKUR TIHAR

Katmandú es una ciudad fascinante. Emplazada a 1.500 m sobre el nivel del mar, se la conoce como la Capital del Cielo, por la altura a la que se sitúa o por la cantidad de templos que jalonan sus calles y plazas. Es un lugar donde la religión tiene un lugar destacado. Los monjes budistas, ataviados con sus túnicas azafrán, atienden sus obligaciones para con la divinidad, ajenos al ajetreo de los visitantes, que se afanan por captar en una imagen pixelada la esencia de este crisol de culturas y religiones. Aquí conviven hindúes con budistas, entre otras muchas creencias. Enclavada en la cordillera del Himalaya, la urbe ofrece vistas impresionantes.

Yo vivo con una familia hindú. Para los que profesan esta fe, los perros somos muy especiales y apreciados por nuestra lealtad y servicio a las personas. Quizá sea por eso que, durante el festival de Kukur Tihar, tengamos un papel protagonista. Se trata de una festividad que dura varios días en la que se honra a varias deidades. En la segunda jornada se recuerda al dios de la muerte Yama. Los mensajeros de este dios somos los perros y por ello durante ese día en concreto se nos venera a nosotros, los canes.

Como muestra de ese respeto que conmemora ese día canino se nos dibuja en la frente una *tilaka*, una mancha redonda de color de fuerte carga simbólica y espiritual. Además, ese día se nos da de comer muy bien. No faltan ricas viandas como carne, huevos o *pet-food*. Y, no os lo perdáis: nos adornan con collares de flores. Por otra parte, se estima pecado ser desconsiderado –y mucho menos maltratar– a uno de los nuestros durante ese período.

Según la mitología hindú, tras la muerte los perros acompañan a las personas en su tránsito hacia el más allá y por ello el interactuar con nosotros hace que la muerte no se vea de modo tan negativo, pues se confía en que defenderemos las almas para evitar que sean torturadas en el infierno.

La verdad es que me cuesta entender esa fijación humana por la muerte y esa otra vida a la que a menudo os referís. Yo vivo completamente despreocupado de todo eso, aunque reconozco que no me disgusta tener un día dedicado a los perros en el que nadie me riñe, me miman y puedo comer hasta hincharme como un balón.

Hoy el Kukur Tihar se celebra mucho más allá de Nepal. De hecho se festeja en cualquier lugar en el que haya una comunidad nepalí. Os invito a uniros a nosotros en una de estas fiestas. ¡Os resultará muy interesante, lo pasaréis bien... y vuestros perros mucho mejor!

18. DONAR SANGRE, SALVAR VIDAS

P asar la vida en Puerto Varas es un privilegio. Tanto que, si no podéis veniros a vivir aquí, deberíais visitarlo. Situado al sur de Chile –aunque es un decir porque Chile es tan largo que gran parte del país está en el sur–, podemos afirmar que es la puerta a la Patagonia chilena. Las playas son magníficas –aunque el agua es gélida, ideal para criar salmones– y tenemos un lago de aguas límpidas, que refleja, como un espejo gigante, dos enormes volcanes andinos con cimas coronadas por nieves eternas.

Si os cruzáis conmigo un día por la calle pensaréis que soy un perro que lleva una vida normal. Salgo a pasear con mi tutor, quien me adoptó hace 2 años, juego con sus hijos, hago travesuras y todos me regalan sus mimos. Sin embargo, cada 3 meses más o menos me llevan a la clínica veterinaria que hay cerca de casa. Pero no porque esté enfermo, sino para salvar la vida de otros perros. Soy donante de sangre, porque debéis saber que para tratarnos de ciertas enfermedades o recuperarnos de accidentes, nosotros también necesitamos transfusiones de sangre.

Mi familia tuvo otro perro hace unos años. Ya sabéis que somos golosos por naturaleza y capaces de comernos cualquier cosa. Pero con tan mala suerte que lo que el anterior perro de la casa se llevó al buche fue un cebo para ratas. Se tragó una salchicha llena de raticida. El efecto de este veneno es devastador: te desangras por dentro. Cuando el pobre animal comenzó a sangrar por la nariz lo llevaron enseguida al veterinario. Allí lo trataron y le hicieron varias transfusiones, pero murió al cabo de unas horas. Y por eso Lucas quiso que yo fuese donante, porque así intentamos que nunca falte sangre y que otros canes puedan tener más suerte que la que tuvo su anterior perro.

Por supuesto que me hicieron todo tipo de análisis antes de convertirme en donante. Si tienes enfermedades o parásitos no puedes serlo. Además, al igual que los humanos, los perros tenemos grupos sanguíneos, así que hay que poner al can que lo precise sangre del grupo adecuado. Y el mío es muy especial y valioso, el tipo DEA 4. Soy un donante universal, el equivalente al O- en las personas.

Pero eso no significa que pueda dar más sangre, ni más a menudo. Lo hago cada 3 meses y así puedo recuperarme y llevar una vida normal, como cualquier otro peludo de familia. Solo que yo, además, salvo vidas de otros perros.

19. PUERICULTOR DE GUEPARDOS

M i tutora trabaja en el zoo. Se encarga de varios programas de reproducción. Siempre está pendiente de especies en peligro de extinción a las que los zoos ayudan a sobrevivir. Yo comparto la vida con su familia en San Diego, la hermosa ciudad californiana con increíbles vistas al Pacífico, en la que es fácil coincidir en la playa con leones marinos, auténticos amos del litoral en esta región.

Pero esa vida rutinaria de paseos, comidas y juegos cambió un buen día en que una hembra de guepardo recién parida se desinteresó de su único cachorro. Y el problema no fue alimentar a la pequeña Arusha; el zoo tiene leche maternizada para ella. Lo que preocupaba a los cuidadores era que el felino no tuviera compañía. Eso era imprescindible para su desarrollo. Los guepardos se estresan con facilidad y tener un compañero los relaja, les permite participar en juegos y especialmente hasta los 2 años tiene un impacto tremendamente positivo en el fortalecimiento físico y psicológico del animal terrestre más veloz del planeta.

Así que, ante un cachorro solitario, los expertos decidieron ofrecerle como compañía un perro.

Yo fui la primera que tuve esta función, allá por los años 80. Anna –así me llamo– y Arusha –nombre del guepardo– fuimos titular en no pocos periódicos.

Hoy ya son muchos los zoos que nos utilizan con esta finalidad. Ahora bien, no vivimos constantemente con el guepardo; solo estamos algunos ratos con ellos. Nunca comemos juntas y, al principio del programa, para que la gran gata se adapte pasamos unos días separadas por una valla para que nos veamos y nos vayamos conociendo poco a poco.

Me siento bien sabiendo que esta especie en peligro de extinción tiene más posibilidades de prosperar gracias a mí. Esos animales son reintroducidos y contribuyen a aumentar la población de estos preciosos felinos en su hábitat natural.

Ya han pasado 2 años y tengo que separarme de mi amiga. Ya no necesita mi apoyo y su instinto cazador podría poner en peligro mi integridad. Ahora vuelvo a ser una mascota a tiempo completo, aunque de vez en cuando me gustaría poder seguir compartiendo juegos con el animal más veloz de la sabana. Quién sabe; quizás vuelva a nacer otro cachorrillo que necesite mi compañía.

20. PRISIONERO DE GUERRA

Nací en la China de los años 30 del siglo pasado. Allí, algunos expatriados europeos tenían como afición criar perros. Para ello se hacían con los servicios de las perreras que estaban en el puerto de la ciudad. Éramos 7 hermanos, 7 cachorritos de *pointer* los que en 1936 vimos la luz en aquel lugar. Los ingleses, que entonces dominaban aquellos territorios, gustaban de criar perros de caza.

Creo que fue el buen carácter de mi raza, mi tamaño medio y mi excelente olfato los que me convirtieron en protagonista de la historia que estáis a punto de conocer. Coincidencias de la vida, un acorazado británico fondeado en aquellas aguas quiso hacerse con una mascota para alegrar la vida de la tropa en alta mar. Dicho y hecho. Me adoptaron y así comenzó una carrera que todos auguraban simpática, haciendo amistad con los soldados, pero que el destino se encargaría de transformar en algo bien distinto.

Cuando cumplí los 5 años el Reino Unido declaró la guerra al Japón al atacar este país la base americana de Pearl Harbor. Nuestro buque se convirtió de la noche a la mañana en objetivo para los aviones del Sol Naciente, que no tardaron en encontrarnos, dispararnos, hacer blanco sobre nosotros y hundir el navío. A trancas y barrancas conseguí sobrevivir con el resto de la tripulación. Tuvimos la suerte de encontrar una isla perdida, pero ahí se acabaron las buenas noticias porque no había agua. Los hombres, desesperados, se consumían de sed. Y fui yo, Judy, la perrita *pointer*, la que con su fino olfato señaló el punto en el que había que cavar para encontrar agua.

Pointer en inglés significa el que señala, el que apunta, y eso es precisamente por lo que mi raza destaca: le indicamos al cazador dónde hay una perdiz oculta, o, como ocurrió en aquella remota isla, señalé donde estaba la fuente que a la postre nos salvaría la vida.

De todos modos, un contingente aislado, en un archipiélago dominado por el ejército nipón, no podía durar mucho tiempo a su aire. A los pocos días fuimos hechos prisioneros. Y digo que «fuimos hechos» porque a mí también me internaron en el campo de concentración como un prisionero, con mi número de preso y todo, el único can que ha recibido tal trato de modo oficial hasta la fecha.

Aunque yo era la mascota de todo el campo, quien realmente me cuidaba era Frank, un piloto de avión que nunca se separaba de mí. La travesía en la jungla había sido muy dura. Habíamos tenido que superar muchas dificultades además de la sed: serpientes y escorpiones, por no hablar de los abundantes cocodrilos de la región. Pero lo peor fueron, una vez ya prisioneros, los trabajos forzados, agotadores, a los que nos sometieron.

Pero con la victoria de los aliados llegó la liberación del campo y Frank me llevó con él a Inglaterra. Allí mis hazañas llegaron a oídos de la prensa y se me concedió la medalla Dickin. La Dickin es una condecoración al mérito militar que el Reino Unido otorga a animales que han destacado en el campo de batalla. Yo la obtuve por mis servicios a la patria y mi valor. Hasta la fecha esta medalla ha sido otorgada 75 veces: a 38 perros, 32 palomas, 4 caballos y 1 gato.

Yo creo que lo más meritorio que hice fue aportar esperanza y un rayo de luz y cariño a los prisioneros de guerra, que hallaron en mí la humanidad que no mostraron sus guardianes. Cuando los japoneses se acercaban a nuestros barracones yo gruñía; así los prisioneros podían prepararse y evitar castigos. También me escapaba algunas veces y volvía con una rata entre los dientes, para regocijo de los míos, que rara vez hallaban carne en nuestras magras raciones y hacían fiesta al cocinar al roedor.

Frank era muy inquieto, su mente bullía de proyectos, negocios y aventuras. Con la paz decidió probar fortuna e invertir en África. También allí lo acompañé, pero yo ya era muy mayor y, con 14 años, el cáncer me venció.

Aun así he sido la protagonista de algunos libros y *shows* de televisión que han narrado mi historia. Una historia de esperanza, fidelidad y atención a mis compañeros soldados en las circunstancias más adversas, en las que sentir la cercanía de un ser cercano, aunque sea un perro, es en realidad lo único que importa. Esa fue mi contribución a la victoria, y sobre todo a que muchos de aquellos militares mantuviesen la cordura y no perdieran nunca la esperanza.

21. DE OFICIO BOMBEROS

Pertenezco a una de las razas más famosas de perros: los dálmatas. La película de Disney –*Los 101 dálmatas*– nos hizo muy populares y uno de los perros de compañía más apreciados del mundo. Nadie se resiste a nuestro carácter ni a nuestro pelo: un fondo blanco con topos negros que nos hace fácilmente reconocibles y famosos.

Pero eso será muchos años más tarde, porque yo viví en el siglo XIX, en Nueva York, y en aquel tiempo los dálmatas éramos los perros bomberos o, mejor dicho, los perros que trabajábamos para los bomberos.

Fue en esa época cuando la Gran Manzana experimentó un crecimiento fulgurante. Los primeros rascacielos, como el Flatiron, comenzaban a aparecer. Se fundó la Bolsa de valores. Miles y miles de inmigrantes europeos arribaban a la ciudad y la industria crecía y las fábricas se multiplicaban como hongos tras la lluvia. El servicio de bomberos era muy distinto al de hoy. Todo el material necesario para apagar los frecuentes incendios –había muchas casas de madera– debía llegar al lugar del siniestro tirado por caballos. Las calles no estaban reguladas con semáforos, así que acudir veloz a apagar un fuego era a menudo una tarea harto difícil. Por esa razón, y alguna más que voy a contaros, nuestro concurso, el de los dálmatas, era imprescindible.

Vi la luz en un pequeño cubículo que los bomberos de Brooklyn le habían preparado a mi madre. Efectivamente, eran ya varias las generaciones de dálmatas que criaban en los centros de lucha contra el fuego.

Los dálmatas hemos tenido siempre muy buena relación con los caballos; nos gusta estar a su lado, trotar a su paso y situarnos cerca suyo. Otras razas prefieren adelantarlos e incluso asustarlos. Nosotros avanzamos en paralelo, acompasando nuestro paso al suyo, y eso los calma. Este modo de proceder resultaba imprescindible cuando corríamos raudos a sofocar un fuego. Nos ayudaba a actuar de modo coordinado con los equinos.

Por otra parte, en las caóticas avenidas de las grandes ciudades nuestra presencia y nuestros ladridos servían para advertir a los viandantes, las caballerizas y a todo tipo de vehículos de la llegada inminente de los carros de bomberos tirados por caballos. Además, ya cerca de las llamas, permanecíamos próximos a las acémilas que, al sentirnos, se mantenían más tranquilas. Y servíamos también de elemento disuasorio si algún caco quería aprovechar esos momentos de confusión para llevarse material de la brigada antiincendios.

No menos importante, quizás lo más esencial de nuestra labor, estribaba en el cariño que les dábamos –y recibíamos– de los bomberos, quienes por tenernos cerca se sentían mejor, más motivados.

Así que ya veis lo útiles que éramos.

Con el paso del tiempo nuestro rol fue perdiendo su razón de ser. Los camiones de los bomberos ya no necesitan de los caballos, el motor los apartó de la gran ciudad, y con ello la necesidad de que los dálmatas estuviéramos en cada cuartel de las brigadas contra el fuego.

De todos modos, hoy nuestra presencia sigue siendo requerida en no pocos parques de bomberos que aún cuentan con nosotros porque, aunque la técnica permita transportar mucho más peso y material sin animales, no hay nada que pueda sustituir la alegría que se siente al ver una cola moverse de un lado a otro, recibir un lametazo o escuchar el ladrido amigo de un dálmata. Especialmente para profesionales que viven a menudo situaciones de estrés extremo.

Muchos recordaréis los trágicos acontecimientos de los que mi ciudad fue testigo el 11 septiembre del 2001 con los ataques a las Torres Gemelas en las que murieron muchos agentes antiincendios. Una brigada, concretamente la del barrio de Nolita, perdió a 7 de sus miembros aquel día. Pues bien, poco después recibió el obsequio de un cachorro de dálmata, llamado Twenty, que convivió con ellos durante casi 15 años.

Porque a pesar de las terribles pérdidas de vidas que trajo aquel día nefasto siempre hay futuro, y regalarles un cachorro fue el modo de mostrar que la vida aun así se abre paso.

Para algunos bomberos, el tenernos cerca sigue siendo imprescindible, tanto hoy como lo fue en mi época.

22. LOS PERROS DE AGARRE

Tengo la fortuna de habitar una tierra hermosa pero también tremendamente dura. Los paisajes que nos regala esta región fronteriza entre Vizcaya, Cantabria y el valle de Mena, al norte de la provincia de Burgos, son espectaculares: prados esmeralda que cubren sinuosas lomas que paulatinamente se tornan abruptas y trepan, ya desnudas del verde manto, en busca del cielo transformadas en rocas inexpugnables.

Arrancarle al terruño algo que comer es tarea hercúlea, que disuade a la mayoría. De ahí que, hasta la llegada reciente del turismo, pocos fueran los que nos visitaban, y menos aún los que se quedaban a vivir. Pero para los pocos que se decidían mi existencia era esencial. El modo de vida de este lugar ha sido siempre la ganadería; los ricos pastos nutren a vacas y ovejas, únicas especies capaces de soportar el rudo clima y aventurarse por angostos pasajes para alcanzar las escasas briznas de pasto disponibles en invierno.

La protagonista y reina de este lugar es la vaca monchina, animal muy rústico que pasa con lo justo pero que compensa su menuda talla con un carácter arisco, libre diría yo, que la hace prácticamente imposible de domeñar. Tan brava es que sin mí sería un ganado incontrolable, imposible de recoger, transportar, en definitiva, de criar. Por eso los pastores, desde tiempos inmemoriales –algunos creen que mi raza llegó aquí con las invasiones germánicas de la Península ibérica allá por los siglos IV y V de nuestra era– han confiado en nosotros para manejar estas reses.

Cuando toca recoger al ganado allá por octubre, una vez que los terneros tienen unos 6 meses, vamos a por la vaca que nos indica nuestro amo, 4 o 5 de nosotros a la vez, y la agarramos con los dientes de las patas delanteras, las orejas o el morro hasta que, hastiada y agotada de tirar coces y cornadas, sin que nosotros nos soltemos, cae al suelo para que los pastores la aten y puedan llevarla con un narigón al redil.

Oficio rudo el nuestro, tanto el de los humanos como el mío, aunque lo he de confesar: para mí más que trabajo es instinto, porque he nacido para hacer lo que hago y así ayudar para poder vender algunas cabezas que nos permitan pasar el invierno con recursos suficientes y aguantar hasta la siguiente primavera y seguir cuidando de estas tierras duras, frías, esquivas a la hora de dar fruto, pero bellas como ninguna y en las que las vacas monchinas y nosotros, los alanos de agarre –o villanos de las encartaciones, que así nos llaman también–, perros fuertes, trabajadores, sacrificados como pocos, junto con unos pocos pastores, hemos encontrado nuestro lugar en el mundo.

23. EN LA CONSULTA DEL DENTISTA

Tengo la suerte de haber nacido en Oahu, la isla más poblada de Hawái. Un clima ideal todo el año, verdes colinas. Oahu no tiene volcanes peligrosos, pero en otras islas el rugido de la tierra vuelve con cierta frecuencia y no es raro que las erupciones, nunca descartables, se lleven por delante haciendas y bienes de los que por aquí habitamos.

En general, la vida es cómoda, el paso de los días en este archipiélago es pausado. ¡Y mis dueños, qué puedo deciros! Me dan todos los caprichos. Soy sin duda el rey de la casa, una vivienda grande, con un hermoso jardín. Nadie diría que, a pocos kilómetros de donde vivimos, hace unos 80 años la guerra hizo estragos cuando los japoneses atacaron esta tierra, causando 2.500 muertos y hundiendo 27 barcos en pocas horas. Pero todo esto es ya historia, pues Honolulu –y Pearl Harbor– hoy son un remanso de paz.

Mi tutor es dentista y un buen día se le ocurrió que podía ser una buena idea que lo acompañase a la consulta, pero no para hacerle compañía a él, sino a sus pacientes. Así que decidió que, como soy pequeño, un *cavalier king Charles spaniel*, para más señas, de largas orejas caídas, carácter tranquilo y siempre dispuesto a que me abracen, podía ser una buena idea que los pacientes me tuviesen cerca, o incluso sentado en su regazo, mientras se les extirpa una muela, se les pone un implante o se les hace una limpieza de boca.

El éxito fue total: los pacientes se arracimaban para pasar consulta y los padres llamaban preguntando a qué hora estaría disponible el perro para que sus hijos me tuvieran a su lado para calmar sus temores.

No hay duda, conmigo los pacientes tienen menos estrés, menos ansiedad. Y no es que me lo parezca a mí, es que se ha medido. Cuando estamos estresados, tanto las personas como los animales segregamos una hormona llamada cortisol. Pues bien, los chavales que tuvieron que ir al dentista en el que había un perro de asistencia como yo experimentaron niveles de cortisol más bajos que los que tuvieron que apañárselas solos.

El personal de la clínica también está más contento. Tengo un montón de amigos allí. Y para que no pase muchas horas en la consulta, ahora ya somos 3 perros los que nos turnamos para ir al consultorio.

Y no, no hay ningún riesgo sanitario, porque no toco nada que no deba y estoy perfectamente limpio, desparasitado y tengo toda la atención veterinaria que necesito.

24. LA MASACRE DE MASCOTAS

Desde hace unos días, el matrimonio con el que comparto mi vida está muy nervioso. Normalmente son muy alegres, me hacen carantoñas, juegan conmigo, me cuidan y pasean a diario. Pero de unos días a esta parte, cuando llegan de trabajar se sientan delante de la radio y escuchan con mucha atención las noticias. La guerra ha comenzado en el continente y el Reino Unido acaba de declarársela a la Alemania nazi. Pero no se preocupan tanto por ellos, a pesar de los anuncios de que muy posiblemente en breve Londres, nuestra ciudad, será objetivo de los bombarderos de la Luftwaffe, como por mí.

Las autoridades están aconsejando a todos los que tengan mascotas que se preparen porque la guerra no va a ser nada fácil para nadie, y mucho menos para los que tengan perro o gato. La contienda va a obligar a racionar la comida. Cuando comiencen los bombardeos, los animales tendremos la entrada vetada a los refugios antiaéreos, así que el Gobierno está alertando por radio a todos los londinenses para que se lleven a sus animales al campo –si tienen parientes allí–, o que directamente nos sacrifiquen. A mí no pueden llevarme fuera de la ciudad y cuando caigan las bombas mis dueños saben que me quedaré sola y pasaré mucho miedo, porque cualquier petardo me asusta. Pero eso no es lo peor: muchos, siguiendo el consejo de las autoridades, están sacrificando a sus mascotas; más de medio millón de perros y gatos han sido eliminados durante la primera semana de guerra. Un amigo de la pareja veterinario les ha dicho que el cloroformo se ha agotado y se han cavado fosas para enterrar a miles de cadáveres caninos y felinos.

Llevamos ya un año de guerra; por ahora las bombas han caído lejos de nuestra casa, pero lo peor es la estigmatización social en la que vive mi familia por mi culpa, pues se nos acusa de restar alimentos a las familias. Mis paseos son cortos y a altas horas de la noche, porque mis dueños no quieren que los vecinos me vean.

Hoy el cartero ha dejado en el buzón un folleto del Gobierno en el que explican cómo hacerse con una pequeña pistola para acabar con nosotros. Mis tutores no se lo pueden creer.

Unos días más tarde vino a cenar a casa el amigo veterinario de la pareja. Les ha dicho que muchos de sus colegas se están negando a sacrificar a los animales. Objetan, pues ven como su misión curarlos y no sacrificarlos sin razón médica que lo justifique. Están reclutando a muchos perros y adiestrándolos para misiones de vigilancia y guarda. De esta forma han salvado de una muerte segura a unos 200.000.

Afortunadamente soy pequeña, una perrita mestiza de 10 kg. Aunque en casa no falta comida, me siento mejor que si fuese un gran danés o un san bernardo.

La guerra parece que se inclina hacia los aliados, los británicos, y la presión social contra los perros ha disminuido. Poco a poco puedo salir a pasear de día e incluso, si me da por ladrar, ya nadie se alarma ni hace todo lo posible para que me calle.

La gente vuele a adoptar animales o traerlos de regreso del campo. Pero muchos no volverán nunca. Han sido las víctimas silenciosas de esta guerra, quizá nadie las recuerde.

Srvan estas líneas para que no caigan en el olvido.

25. UN PARACAIDISTA EN NORMANDÍA

Yo vivía bien atendido en una familia como tantas. Pero la Segunda Guerra Mundial lo puso todo patas arriba. Comenzó a faltar la comida y los perros nos convertimos para muchos en una pesada carga. Supongo que el hecho de ser un pastor alemán joven, sano y grande tuvo algo que ver con que me aceptaran en el ejército, pues allí me llevaron para evitar que tuviera que correr la suerte que les tocó a tantos miles de canes en aquellos aciagos años. Los militares me cambiaron de nombre; de ser Brian me convertí en Bing, y con ese apelativo he pasado a la historia.

Cuando llegué a la base militar me entrenaron para detectar al enemigo. Los uniformes de los soldados nazis emanan un olor particular debido a su tinte y confección, que yo grabé en mi memoria. Como mi misión consistía en sorprender a las tropas alemanas desde la retaguardia, me hicieron saltar en paracaídas como parte de mi formación. Saltar desde un avión no es plato de buen gusto para un perro, pero he de confesaros que, una vez en el aire, descendiendo lentamente, me relajo y contemplo el paisaje con cierta curiosidad.

Toda esta preparación tenía una finalidad y llegó el día en el que tenía que poner en práctica todo lo que había aprendido. Ese día fue el 6 de junio de 1944, el día D, el del desembarco de Normandía. La operación fue sobre todo anfibia, con miles de soldados arribando en barcazas a la costa francesa. También, por supuesto, tuvo una importante presencia la aviación. En uno de esos aeroplanos iba yo con 2 oficiales que saltaron conmigo. La misión: encontrar nidos de ametralladoras enemigas antes de que nuestros hombres llegaran a su línea de tiro. Hicimos un buen trabajo. Detecté varias que pudieron ser neutralizadas, salvando así la vida de muchos de los nuestros. Pero la guerra es un oficio peligroso. Al aproximarnos a una posición alemana nos arrojaron una granada que me hirió. Pudieron rescatarme y presté servicio más adelante ya en territorio alemán, conforme nuestras tropas avanzaban. Por todo ello, en 1947 me concedieron la medalla Dickin.

Luché con honor y fui tratado como un verdadero soldado. Como yo, muchos otros canes arriesgaron o dieron su vida para salvar las vuestras. No lo olvidéis nunca.

26. EL BASENJI

Mi hábitat está en la segunda jungla más densa del mundo, hendida por uno de los ríos más caudalosos de la Tierra, el Congo, hogar de miles de especies y uno de los espacios naturales más preciosos y también más amenazados del planeta. Muchos canes llegaron aquí con los colonizadores blancos, pero yo soy un auténtico perro africano. Esta tierra ha sido mi hogar desde que fuimos domesticados por los habitantes de estas latitudes: los pigmeos, quienes aún hoy viven en pequeñas comunidades nómadas, buscando frutos y caza. Vivo con los baaka, un grupo pigmeo especializado en cazar con redes. Cuando no hay animales que cazar los perros permanecemos algo alejados de la comunidad humana y tenemos que conformarnos con los restos de su comida, incluso consumir sus heces o buscar algún animal herido o muerto. No puedo decir que pasemos hambre, pero nos ronda cerca muy a menudo.

Cuando hay caza nos volvemos imprescindibles. Los baaka extienden sus redes en semicírculos que llegan al kilómetro de extensión. Una vez dispuesta la trampa nosotros azuzamos a los animales para que, presas del pánico, salgan corriendo hasta caer en las redes de los baaka. Una vez enredados, atrapados, los cazadores darán cuenta de ellos a base de lanzazos y flechazos; comida garantizada para varias semanas, y sobras más que abundantes para nosotros.

Para hacer que las presas vayan a la red portamos unas grandes campanas, a modo de cencerros, alrededor del cuello. Veréis, la razón es bien sencilla: los *basenji* no ladramos. Nuestra laringe tiene una morfología particular que no nos permite hacerlo con facilidad. Emitimos otros sonidos, pero no ladridos, así que las campanas son las que ahuyentarán a los animales hacia la malla mortal, y solo nosotros podremos acercarnos a las presas y sacarlas de sus escondrijos. El sonido de los cencerros orienta a nuestros amos, que así saben donde estamos.

Somos el orgullo del Congo. Mis antepasados fueron obsequio para los faraones, tal y como atestiguan sus retratos en bajorrelieves a orillas de otro majestuoso río africano: el Nilo.

Hoy nos hemos convertido en mascotas. Nuestro tamaño mediano, nuestro pelaje canela –salvo en la tripa y patas donde es blanco–, nuestras orejas tiesas y nuestra cola enroscada hacia el lomo os han conquistado, igual que conquistamos en su día hace miles de años a los baaka, aunque por razones bien distintas.

27. PEPO

Vivo en San Agustín, en Florida, en los EE. UU., la que fue la primera ciudad en este país, fundada por los españoles, concretamente por Menéndez de Avilés, en 1565. Aún hoy puede visitarse frente al mar la fortificación que defendía la ciudad. En Florida clima y playas se unen para regalar al paseante la belleza de un edén a quien se adentre en él. El trasfondo histórico hispano es visible, las banderas españolas ondean en muchos comercios.

Pues en un lugar que podría ser un paraíso de naturaleza e historia anida el huevo de la serpiente. Y no me refiero a los abundantes crótalos que reptan por los pantanos floridenses, no. Los que yo tengo en mente son mucho peores: me refiero a los maltratadores.

Soy un Pepo[1]. No es que me llame así, pero pertenezco al grupo de perros de protección, un «Pepo». ¿Y a quién protejo?, os preguntaréis. Pues a una mujer joven que durante años tuvo que soportar insultos, agresiones, desprecios del que era su pareja. Recurrió a la Policía varias veces, hasta que lo detuvieron y el juez emitió una orden de alejamiento que, como pasa en muchas ocasiones, no fue respetada. Ella vivía su día a día con terror; varias veces se cruzó con su victimario. La inseguridad y el miedo hacían que su vida fuera un espanto. Hasta que conoció y contactó con una ONG llamada *Paws Against Domestic Violence* (Patas contra la violencia doméstica). Allí nos conocimos. Pasamos 20 días juntas, aprendiendo la una de la otra, y sobre todo hasta que ella sintió que conmigo en su casa, en su vida, iba a estar mucho mejor, mucho más segura.

No soy un perro de ataque; solo muestro los dientes en caso de que la integridad física de la que hoy es mi ama esté en peligro inminente, y en realidad mi labor va mucho más allá de la protección. Lo que he hecho ha sido devolverle la alegría de vivir a la que ahora es mi amiga, mi tutora.

Se acabaron los días sin salir de casa por miedo a encontrárselo, se acabó faltar al trabajo, no ir al gimnasio, perder la autoestima. De hecho conmigo tiene que salir sí o sí para que yo haga ejercicio y mis necesidades en los árboles de la avenida. Conmigo es libre porque sabe que si su ex aparece con intenciones aviesas yo estaré allí; no hará falta que esté al albur de esa mala persona los 5-7 minutos que tarda en llegar un coche patrulla; yo estoy las 24 horas con ella. Y yo también salgo ganando porque con ella tengo un hogar. Hacemos una buena pareja. Y yo sé que, gracias a mí, ella vuelve a tener una vida digna de tal nombre.

---

1   PEPO: Perro de protección de víctimas de violencia de género.

28. EL CONTRABANDISTA

He sido testigo de lo mejor y lo peor, del anverso y el reverso de los humanos con los perros.

Recuerdo la noche en que mi vida cambió por completo. Yo vivía en un cortijo cercano a Algeciras, bien atendido por el mayoral de la finca, quien me había adoptado cuando era cachorro para que, una vez crecido, hiciese labores de guarda en el cortijo. Soy un mastín y mi sola presencia intimida a otros animales y también a potenciales ladrones de ganado. No me faltaba de nada, ni comida, ni ejercicio, pues vivía prácticamente al aire libre todo el día, ni alguna que otra caricia.

Pero mi vida cambió abruptamente la noche en la que entraron aquellos 3 hombres. Sabían a lo que venían y a quien tenían que enfrentarse. Los olí y escuché mucho antes de que estuvieran cerca de mi corral. Fui hacia ellos en silencio y emití un gruñido que en ocasiones anteriores había bastado para poner en fuga a los cacos. Pero en ese caso, con la referencia del sonido y la abundante luz que arrojaba la luna llena, me rodearon. Aquello era extraño. Uno de los tipos me arrojó un lazo sobre el cuello; me fui a por él, pero inmediatamente otro lazo me inmovilizó. Me cayó encima tal lluvia de palos que no pude evitar que me ataran también el morro y me metieran en un saco.

Desperté en un astillero en desuso con otros 40 canes, todos maltrechos y doloridos. Nos dieron algo de comer y al atardecer nos condujeron a unas playas cercanas a la Línea de la Concepción. Unos mozalbetes se hicieron cargo de nosotros, nos pusieron unas correas alrededor del cuello y nos llevaron corriendo a las afueras de la ciudad. Una vez allí, en un parque con otros 3 perros, me dieron un plato de buena comida y dormí, por fin, a pata suelta.

Volvimos a esas playas al día siguiente. Primero nos pegaron fuerte y los muchachos nos volvieron a llevar a nuestra nueva casa, donde había comida abundante. Esto se repitió varios días. Aprendí que había que huir de las playas e ir a la casa lo más rápido posible.

Un día, temiéndome que iba a recibir otra paliza, nos hicieron ir algo más lejos, cerca de un gran peñón que, altivo, otea el mar. Nos colocaron un pesado arnés que contenía lo que luego supe que era tabaco, algo que os enferma y esclaviza pero que aun así los humanos pagáis a buen precio. Me pusieron unos 7 kg sobre el lomo, bien atados, y me montaron en una pequeña barca, junto a otros muchos como yo. Todos grandes; se ve que el alijo era importante y se necesitaba mucha mano –pata– de obra.

El tabaco salía de Gibraltar y nosotros lo llevábamos a lomos hasta tierra firme desde las barcas, tras nadar unos 100 m. Así introducíamos tabaco sin pagar impuestos, cosa que enfurecía a nuestro rey Alfonso XIII, quien ponía todos los medios para evitarlo. Una vez en la playa corríamos despavoridos – nos habían condicionado con las palizas para huir de las playas– hacia nuestra nueva casa, donde llegábamos con nuestra carga de contrabando y nos volvían a dar bien de comer. No todos lo conseguían. En la playa nos esperaban guardias con mosquetones que mataron a unos cuantos de los perros.

Me vi obligado a repetir esta operación varias veces. Yo añoraba mi cortijo; no entendía la locura de palizas, tiros y pesadas cargas que casi nos hacían ahogarnos, así que, cuando me soltaron una vez más en el mar, no nadé en línea recta hacia la arena, sino que me desvié todo lo que pude hacia el norte. No quería arriesgarme a que me matasen de un tiro ni volver a convertirme en blanco de la Policía de aduanas.

Así que vagué por playas desiertas y campos yermos, sabiendo que me acercaba a mi cortijo. Los amaneceres y la caída del sol se parecían cada vez más a los que había conocido de cachorro. Llegué, y para alegría del mayoral, aún llevaba sobre el lomo los 7 kilos de tabaco. Así que a la emoción del reencuentro hay que añadir que tuvo tabaco gratis para varios años.

Ahora vivo tranquilo en esta finca, donde sigo asegurándome de que no entren extraños junto a 5 mastines más. El mayoral no quiere más secuestros de perros y con 5 no se van a atrever.

29. ATENCIÓN A PERSONAS CON TRASTORNOS PSÍQUICOS

P asear por Ciudad del Cabo es un placer para los sentidos. Esta urbe, situada entre el Atlántico y el Índico,
tiene un clima suave y unas playas de ensueño. Allí me
encuentro casi a diario con focas, pingüinos y surfistas con
tablas multicolor. Alegre y desenfadada, la urbe atrae a turistas de todo el mundo que visitan la costa o Table Mountain,
una montaña plana con aspecto de mesa, y de ahí su nombre,
sin olvidar Robben Island, el lugar donde Nelson Mandela
estuvo 27 años encarcelado. Todo el encanto de África en la
ciudad más meridional del continente.

Soy un perro de asistencia y convivo con una chica que tiene un trastorno del espectro autista (TEA) y yo estoy específicamente entrenado para ayudarla. Cuando era pequeña a veces le daba por salir corriendo de manera inesperada. Eso puede ser tremendamente peligroso con el tráfico de la gran ciudad. Cuando eso podía suceder, yo hacía de ancla. Me sentaba y, como ella estaba atada a mí, no podía separarse.

A veces, las personas que tienen TEA se agobian si hay mucha gente en un lugar, así que yo camino a su alrededor para crearle un espacio de separación de la gente próxima. En otras ocasiones, si se pone nerviosa se rasca de manera compulsiva —tanto que llega a hacerse heridas—, así que cuando comienza le pongo la pata encima y le separo la mano para que deje de hacerlo —ella luego me da un premio—. Pero creo que la ayuda más destacada que le presto es en aquellas ocasiones en que se pone muy nerviosa y le suben las pulsaciones. Yo lo presiento por su comportamiento y porque le cambia el olor corporal y la alerto con la pata; entonces ella se sienta y me pongo encima. Mi peso ayuda a que se calme y en pocos minutos la crisis ha pasado y volvemos a hacer vida normal, porque jugamos como lo haría con cualquier otro perro.

Yo pude escapar a un destino trágico. Me rescató una asociación de una perrera y me entrenaron para dar soporte a personas con TEA. Soy una perra mestiza grande y llevo ya unos años ayudando a esta chica. Siempre estamos juntas. Y aunque pasear por Ciudad del Cabo es muy agradable, debéis tener en cuenta que cuando veáis un perro con el arnés de perro de asistencia no debéis acariciarlo. Si me distraes con tus caricias quizá no detecte que ella se está agobiando. Eso no es bueno. Así que acariciad solo si os dan permiso y siempre a perros sin arnés de asistencia.

30. INGENIERÍA SOCIAL

C orrían los años 60 del siglo pasado cuando sucedieron los hechos que paso a narraros. Yo fui uno de los pocos que sobrevivió. Por eso es importante que conozcáis mi historia, la historia de más de 1.000 perros que fueron masacrados.

Para los inuit los canes éramos imprescindibles. Gracias a nosotros podían cazar y desplazarse. Las focas eran su alimento principal y en las llanuras infinitas de hielo y nieve los trineos resultaban fundamentales para encontrarlas y vender sus pieles. Pero la vida nómada no era adecuada para una comunidad que debía integrarse en la sociedad occidental que, pujante, quería cubrir, como una gigantesca ameba, la totalidad del inmenso país y fagocitar las culturas nativas. Los niños debían ser escolarizados y los adultos residir en los incipientes núcleos urbanos que, a base de casas prefabricadas, el Gobierno hacía brotar en la región ártica.

Solo un pequeño matiz fallaba en este plan sin fisuras: los inuit no tenían ninguna intención de cambiar su modo de vida milenario, al aire libre, cazando focas, durmiendo en sus iglús, para hacerse sedentarios y estar encerrados entre cuatro paredes sin oficio ni beneficio.

Pero el Gobierno no iba a dar su brazo a torcer. Toda cadena se rompe por el eslabón más débil, y en este caso nos tocó a nosotros, los perros esquimales. La Guardia Montada del Canadá nos eliminó a balazos en numerosas comunidades inuit. Los policías llegaban donde estaban los animales y, sin mediar palabra, nos disparaban. De nada servían las protestas. Ni los inuit hablaban inglés, ni los hombres armados la lengua local. La nieve se tiñó con el rojo de nuestra sangre y a los nativos no les quedó más remedio que mudarse a las casas que el Gobierno había mandado construir. A un inuit le es imposible vivir sin perros, así que, para seguir adelante y poder ofrecer un futuro a sus hijos —aunque muy distinto al que hubiesen querido—, no les quedó otra que doblegarse a las autoridades.

Eso tuvo consecuencias funestas para nosotros. En los poblados, los pocos perros que habían sobrevivido no tenían ocupación alguna. Los inuit ya no usaban trineos para moverse, pues el Gobierno les había facilitado motos de nieve —como si estas pudiesen compararse con nosotros; las motos se averían, consumen gasolina y tienen poca autonomía. Los perros podemos llevar un trineo cientos de kilómetros, cargar cientos de kilos y ahuyentar a los lobos.

Pero la caza tradicional había dejado de existir, así que, sin nada que hacer y nadie que se ocupara de nosotros, los perros nos reproducíamos y nuestra población aumentó. Los guardias volvieron a por nosotros. Nos habíamos convertido en una molestia a las que las autoridades pusieron coto a balazos.

Décadas más tarde se abrió una investigación federal sobre estos sucesos. Resulta desgarrador escuchar los testimonios de los que vieron cómo mataban a sus canes, parte integral de su vida, dejándolos sin medios para ganarse el pan –la foca–, desnudos ante el frío glacial para someterlos. La comisión concluyó con una petición de perdón por parte del Gobierno, así como compensaciones por los daños causados.

Yo fui de los pocos que sobrevivió y, aunque el modo de vida inuit haya desaparecido, mi estirpe sigue con ellos. No son pocas las comunidades nativas que vuelven a tener algunos perros y cazar con nosotros tirando de trineos. Ya no son nómadas, ni viven de ello, pero mantienen vivo el espíritu de lo que fue su cultura durante milenios y mis vástagos están allí para dar testimonio de que los perros hemos cincelado lo que sois, pues desde el Ártico hasta el trópico, todas las comunidades humanas habéis contado con nosotros, y estas tierras heladas no son una excepción.

31. VENCIENDO EL CÁNCER

C omo muchas historias especiales de perros, la mía se desarrollaba del modo más anodino. Mi familia me adquirió en un criador, crecí con ellos, con juegos, paseos y buen humor.

Tengo la suerte de salir todos los días a caminar por el paseo que bordea las cataratas del Niágara por la vertiente canadiense, la que presenta las vistas más hermosas. El invierno es muy, muy frío, tanto que a veces las cataratas se hielan. Pero el verano es muy amable y el lago Ontario −adonde llegan las aguas del río despeñado por la enorme cascada− son muy agradables para nadar en verano. Y ya sabéis que a los *golden* nos encanta nadar.

El tiempo va pasando y los perros también enfermamos, y nuestra primera causa de mortalidad es el cáncer. Y fue precisamente un tumor lo que me diagnosticó mi veterinaria hace 6 meses. La diferencia con la mayoría de perros, y lo particular de mi historia, fue que además de iniciar el tratamiento para curarme, ella me enroló en un programa de oncología comparada que usa perros con cáncer para experimentar con fármacos nuevos y ver sus resultados, tanto en nosotros como potencialmente en pacientes humanos. En estos programas participan veterinarios y médicos.

Cuando un veterinario diagnostica según qué cáncer a un can, a sus dueños se les ofrece la posibilidad de participar en este tipo de programas a coste cero. En algunas ocasiones el animal debe ser internado, pero en muchos casos puede seguir en su hogar y acudir con cierta frecuencia al hospital para que se haga seguimiento de su estado y evolución. Es lo que nos toca a nosotros cada 30 días: ir al hospital veterinario, donde me toman muestras, analizan el curso de la enfermedad –parece que está mejorando–, e investigan cómo esos medicamentos novedosos, experimentales, puedan quizás algún día ayudar a curar vuestros tumores también.

Los resultados están ahí: estos estudios han permitido la aprobación de medicinas más eficaces tanto para perros –y gatos– como para personas, de modo que contamos con nuevas soluciones para esta terrible enfermedad.

Con esta iniciativa se estudia la evolución natural de la tumoración, se reduce el uso de animales de laboratorio y se avanza en la cura para perros y personas. Todo son ventajas.

32. UNA PERRITA DE PELÍCULA

Muchos somos los canes que hemos intervenido e incluso protagonizado películas. Quizá el más famoso de todos haya sido Rin Tin Tin, el pastor alemán estrella de numerosos filmes. Su madre tuvo 5 cachorros que fueron rescatados por un soldado americano que los encontró en un campo de batalla francés durante la Primera Guerra Mundial. Este militar, con contactos en la industria del cine, condujo a Rin Tin Tin a lo más alto de la fama mundial. Y es que en la vida nada está definitivamente escrito y siempre puede surgir un alma piadosa que cambie el destino de un perro.

Ese fue mi caso. Yo tenía todos los números para acabar en un vertedero. Me abandonaron cuando era solo una cachorrita. En realidad me arrojaron a un contenedor de basuras al poco de nacer. Pero antes alguien se encargó de desfigurarme el rostro quemándomelo. ¿Por qué ensañarse de ese modo con un animalito recién nacido? Es una pregunta que estoy seguro de que muchos de vosotros os hacéis también. Pero las personas —nunca dejaréis de sorprenderme— sois capaces de lo peor y también de lo mejor.

De ese contenedor me recogieron unos chicos que me llevaron a un refugio de la asociación Segundas Oportunidades. Me pusieron Flor de nombre. Decís los humanos de quien tiene suerte que tiene una flor en el trasero. No sé si mi nombre fue una premonición, pero fortuna tuve mucha porque en esa protectora me encontró Claudia, quien, a pesar de mi cicatriz facial, no dudó en adoptarme y darme un hogar donde poco a poco perdí el temor a los humanos —no fue fácil—, y paso a paso comencé a emprender la vida en familia que todo perro merece.

Sin embargo el destino nos tenía reservada otra sorpresa mayúscula. A través de un amigo de Claudia entré en un *casting* para interpretar una película. La directora de ese filme, Isabel Coixet, me seleccionó para hacer el papel de Sieso, el perro protagonista de la película *Un amor*. Además me alcé con el premio Guauoya —el Goya de los animales— en 2024.

Pasé de un vertedero a la meca española del cine por obra y magia de algunas personas buenas que me dieron su afecto y su confianza mediante una asociación como Segundas Oportunidades, que en mi caso fue literal, porque gran oportunidad fue la que encontré gracias a ellos. Una oportunidad que me dio una vida de película.

33. PERRO DOTE

El norte de Camerún es una zona muy especial para los perros. Además de las labores habituales que desempeñamos en todo el mundo, como la guarda o la caza, aquí se nos considera portadores de mensajes del otro mundo. Yo paso los días en Oudjilla, un villorrio al norte del país constituido por unas pocas casas cilíndricas hechas de barro y que son muy frescas para protegerse del sol inclemente, pues aquí la temperatura no baja nunca de los 30°C.

Todas las moradas son iguales, salvo la del jefe, que es mayor y en la que se le enterrará el día que fallezca. Pero mientras ese día llega se aprovecha el habitáculo para encerrar durante un año a un buey. Se le tiene a oscuras hasta que, pasado ese tiempo, se le sacrifica.

Como veis el mundo está lleno de costumbres diversas que pueden parecernos extrañas pero que son muy importantes para los que las viven.

Yo soy un buen ejemplo de ello. Entre los podowko –así se llama la etnia con la que vivo–, los perros tenemos un papel esencial en las bodas. Aquí es costumbre que, cuando un hombre se casa, regale a los padres de la novia unas cabezas de ganado para compensarlos por la «inversión» que han hecho criando a la muchacha. Pero, además de reses, también debe ofrecerles algunos perros. Es decir, formo parte de la dote de un matrimonio. Los perros somos la prueba de que un pacto se va a respetar. Somos, por decirlo de alguna manera, como el acta notarial que sirve para dar fe, prestar juramento.

He de confesaros que esta costumbre ha caído en desuso, pero fue moneda de curso común hasta bien entrada la década de los 70 del siglo pasado. Pero en esta cultura sigo siendo importante. Los perros tenemos nombre propio, como las vacas –otros animales extremadamente valiosos aquí–. Además, las jóvenes podowko lucen collares de dientes de perro, porque hacerlo les confiere protección, en este y en el otro mundo, pues en ese otro universo también estamos y os acompañamos; incluso allí os resultamos imprescindibles.

34. PERROS PARA ATLETAS DE ÉLITE

Competir en lo más alto no es nada fácil para un deportista. Llegar es difícil, mantenerse lo es aún más. El ritmo constante de entrenamiento, el riesgo de que una lesión estropee la labor de años de sacrificios, la amenaza de los nuevos valores que quieren subir a los más alto del podio son, entre otros muchos, factores altamente estresantes. Buena muestra de ello lo pudimos comprobar con el abandono de los Juegos Olímpicos de Tokio'20 por parte de la atleta americana Simone Biles, la gimnasta más laureada de la historia. Cansada, estresada, incluso ella, la mejor, se bloqueó mentalmente y tuvo que suspender su participación en esos JJ. OO.

Así que manejar los nervios, calmarse y competir bien es fundamental para estos atletas. Y aquí entro yo en escena. Soy Beacon, un *golden* de 4 años que me encargo exactamente de eso, de traer paz, alegría y sosiego a estos campeones, por muy alterados que estén. Cuando estoy con ellos su ritmo cardíaco desciende, segregan menos hormonas estresantes, se encuentran mejor, felices, a pesar de lo dura que es la competición y los rivales a los que deben enfrentarse.

Estuve en las jornadas en la que se seleccionaba a los atletas que irían a los JJ. OO. de París'24. Uno de los participantes me dijo que conmigo no estaba siempre pensando en su siguiente ejercicio, lo que le liberaba la mente. Y eso, independientemente de que ganes o pierdas, es algo positivo. Si un deportista sufre una lesión, jugar conmigo lo distrae y hace que esté menos pendiente de su dolor.

Como os podéis imaginar no soy el único, aunque sí fui el más popular en la Selección para los Juegos. Aunque lamentablemente me tuve que quedar sin ir a París por problemas de logística. Yo lo llevé bien; no tanto mi ama, que quería visitar la capital francesa. No me extraña; me acompaña a todos los campeonatos y nunca tiene tiempo para ella. Somos un gran equipo y hacemos que nuestros representantes en los distintos campeonatos también lo sean: grandes deportistas y más motivados, menos estresados, gracias a este peludo que os habla: Beacon.

35. ANTÍDOTO AL ESTRÉS AEROPORTUARIO

Los humanos os estresáis mucho en general, pero los aeropuertos son quizá uno de los lugares donde ese nerviosismo se manifiesta de modo más agudo. Las esperas, los retrasos o las cancelaciones de vuelos, la falta de servicios y espacio para los niños se aúnan para que algunos hasta llamen a este conjunto de incomodidades la «enfermedad terminal», aludiendo a las terminales aeroportuarias.

Tras los ataques del 11-S, la ansiedad entre los pasajeros aumentó de forma muy considerable, así que al personal de algunos aeropuertos se le ocurrió que tener perros a disposición de los viajeros podría rebajar el nerviosismo de muchos que se aprestaban a subir al avión. El simple hecho de acariciar un perro, sentir el tacto mullido, cálido y peludo os hace liberar oxitocina, la «hormona del amor» —se ve que los enamorados la segregan a raudales—, y parece que un poquito os enamoráis también de nosotros, porque lo cierto es que la ciencia ha demostrado que el estrés disminuye en picado cuando nos pasáis la mano por encima.

Tal ha sido el éxito de este programa que en EE. UU. son por lo menos 72 los aeropuertos en los que trabajan colegas míos, unas pocas horas, ya que vivimos con familias que nos atienden y esa tarea es un añadido a nuestra rutina. No está nada mal pasear por un aeropuerto con un arnés que dice «acaríciame» y que te hagan mimos todo el rato.

Yo soy turco y presto esta labor en el aeropuerto internacional de Estambul, la bellísima ciudad que une dos mundos tan distintos como Asia y Europa. La perla del Mediterráneo oriental maravilla con sus minaretes, las cúpulas de Santa Sofía y la Mezquita Azul o la Torre de Gálata. Todas ellas, cuando el sol las recorta antes de ocultarse a poniente del Bósforo, forman un espectáculo sin par. Los bazares donde se pueden hallar las más hermosas artesanías o las especias más fragantes y exclusivas de todo Oriente atraen a millones al aeropuerto donde presto servicio.

Somos ya 5 los canes antiestrés en el aeródromo de Estambul. Yo soy un *border collie* blanco y negro, de pelo largo y sedoso. Me llamo Alita, pero hay canes de todas las razas y, no os lo perdáis, en algunos aeropuertos, sobre todo en los EE. UU., tienen gatos, conejos, e incluso un pony para rebajar el estrés del viajero. Aunque yo creo que, para calmaros a los humanos, no hay nada como un perro que se tumbe boca arriba para que le rasquéis la tripa, ¿no?

36. RESCATE DE ALTA MONTAÑA

Rodeado por algunos de los picos más imponentes de los Alpes, el hospicio de San Bernardo –construido en el año 1045– es refugio de la vía francígena, un camino de peregrinaje que une la villa inglesa de Canterbury con Roma. A 2.700 m de altura era parada obligatoria, además de ser la iglesia situada a mayor altura de toda Europa. La belleza del paisaje de este rincón de Suiza invita al recogimiento, pues uno no puede evitar sentirse cerca del cielo.

En 1800 arribó a estas cumbres Napoleón durante su campaña italiana. Aquí se alojaron 50.000 hombres y 5.000

monturas del ejército galo. Y aquí, entre cimas inalcanzables, soldados extranjeros y religiosos inasequibles al desaliento, nací yo, Barry, un san bernardo que se especializó en el rescate de montañeros perdidos.

A lo largo de mis 14 años de vida rescaté a 40 personas y conmigo comenzó una tradición de san bernardos que ha salvado de una muerte segura a cientos de viajeros.

El clima alpino es duro y traicionero. Las nubes pueden aparecer de súbito, la tormenta presentarse del modo más inesperado y la nieve cubrir y ocultar las sendas tras un día soleado. Muchos son los que no lo han contado. Los san bernardos, con un olfato privilegiado que nos permite hallar a los que se perdieron en los lugares más remotos, hemos sido el último asidero de muchos a los que les ha permitido seguir con vida. Podría contaros 1.000 historias, pero la más conocida es la de un pequeño chaval que se extravió en estos montes. Se refugió en una cueva y cuando lo encontré mostraba una hipotermia muy peligrosa; estaba frío como un témpano. Así que me acurruqué a su lado y le transmití mi calor. Soy muy peludo, muy grande –algunos llegamos a los superar los 80 kg–. Bien comido puedo emitir mucho calor, así que si me acuesto encima tuyo puede ser sofocante. Tras lamer y calentar al pequeño me lo cargué a la espalda y salí disparado hacia el refugio. Tardamos en llegar, pero el muchacho aguantó y se recuperó.

Mis hazañas han inspirado a poetas, novelistas, e incluso realizadores cinematográficos, que han dado fama a mi raza y región. Hay estatuas que me recuerdan y una fundación con mi nombre. Además, en el Museo de Historia Natural de Berna se conservan mis restos embalsamados.

Pero lo realmente importante es que los san bernardos estemos siempre ahí, en las montañas, para protegeros y daros calor si os perdéis. Así lo hice yo y así lo seguirán haciendo otros como yo.

37. MUESTRA Y COBRO

E s posible que aquello en lo que yo destaco y sé hacer mejor que otras razas sea la razón por la que los perros y los humanos iniciamos esa relación tan especial que dura ya más de 15.000 años. Cuando los primeros *Homo sapiens* cazaban en grupo seguramente fuesen seguidos por manadas de lobos, y cuando alguna presa herida huyese y se escondiera en lo más profundo de la espesura, tal vez solo los lobos —mis ancestros— fuesen capaces de encontrarla. Y ahí se invertían los papeles. Los humanos eran los que en esas ocasiones seguían a los lobos para hacerse con el botín y quizá compartir con mis antepasados los despojos y cimentar así una relación en la que ambas partes obtenían beneficio. Lo cierto es que a mí me encanta salir al campo con Ramón. Vamos juntos a cazar aves y, aunque hoy las escopetas han tomado el lugar de las flechas, el ritual no es muy distinto. Cuando se abate una presa, no siempre es fácil recuperarla: puede que haya caído en el agua o en una hondonada inaccesible en mitad del bosque, y ahí mi intervención es fundamental. Porque, ¿qué objetivo tiene la caza si no se cobra la pieza?

Yo adoro ir al monte, seguir las bandadas de perdices una y otra vez, su vuelo, cada vez más corto tras varias acometidas de perros y cazadores, hasta que, cansadas, son abatidas. «¡Canelo, a por ellas!», me grita Ramón, y para allá que voy a través de zarzas, aliagas y genistas a recuperar la perdiz. Mi instinto me lleva, mi olfato me guía. Me fijo bien cuando el tirador apunta al cielo y sigo perfectamente la trayectoria del ave y sé dónde ha caído. Además, como buen cobrador, soy de boca suave. Al recuperar el ave no la estropeo; la recojo entre los dientes, pero con delicadeza, de tal suerte que luego Ramón y el resto de la partida pueden cocinarla o conservarla en escabeche. Eso sí, para entregar el ave antes debo recibir una buena dosis de caricias. Ese es mi premio.

Pero os confieso que mis preferidas son las codornices. Son muy astutas. Se esconden en las rastrojeras o en cualquier mata y, como son tan menudas, los cazadores no las ven. Pero ahí intervengo yo de nuevo, pues yo sí las huelo.

Soy un *pointer* y, como el propio nombre de la raza indica en inglés, mi tarea es señalar, apuntar. Así que, aunque las codornices se queden quietas y quieran pasar desapercibidas, yo sé dónde están y me acurruco lo más cerca posible señalando con el morro, para que Ramón pueda encontrar la zona del matorral en la que, agazapadas, esperan pasar inadvertidas.

Eso sí, como son muy listas, a veces poco a poco se desplazan en su escondite, y por eso tengo que estar muy atento para que Ramón sepa siempre dónde ir a buscarlas. Y para allá que va. Cuando está muy cerca se asustan y salen volando para huir, y entonces Ramón dispara –no siempre acierta, no os creáis–, y yo corro veloz a cobrar la pieza cuando cae y de regreso ponerla a sus pies.

Ramón siempre presume de perro con los otros cazadores. El monte bajo me encanta. A veces en esta tierra dura de los Monegros hace mucho viento –el Cierzo–, calor o frío, el paisaje es gris y parece yermo, pero bajo esa apariencia se esconden muchas especies de aves que son las favoritas de Ramón. No faltan conejos, liebres e incluso jabalíes, aunque yo nunca los he cazado; para eso son mejores otras razas. Yo disfruto mucho durante nuestras batidas. Correr libre por el campo es fascinante y ayudar a cazar está en mis genes. Y como soy de aquí me he hecho a este paisaje, duro pero con muchas maravillas ocultas que Ramón y yo descubrimos cada semana.

38. AYUDANTE DE SACRISTÁN

E n el sureste de Inglaterra el paisaje invita a hacer una pausa y contemplar la belleza de esta región de suave orografía y verdes llanuras que sirve de marco al río Avon, que discurre manso y majestuoso por estas tierras. Un poco más al norte baña la villa en la que nació Shakespeare, el más grande de los autores en lengua inglesa.

Pero vayamos a mi ciudad, Tewkesbury, conocida por su imponente abadía de arquitectura normanda en la que se alza una impresionante torre de crucero románica, posiblemente la mayor del país. Y aquí es donde hacemos nuestra labor Florence y yo –mi nombre es Eric–, dos labradores cuya misión consiste en estar los martes, miércoles y jueves en el templo para que los fieles nos acaricien y se sirvan de nosotros para encontrar la paz que buscan al acudir a la iglesia.

Lo cierto es que tanto nosotros como nuestro tutor, el sacristán Chris Skepper, nos hemos hecho muy populares, y algunos vienen desde muy lejos para vernos. Desde que acompañamos a Chris, muchos dicen que el enorme edificio les resulta más acogedor. De lo que no cabe duda alguna es de que con nosotros aquí son muchos más los que se acercan al Señor, y eso hace que Chris se alegre, y nosotros con él.

En muchas iglesias la presencia de perros no está permitida. Aquí formamos parte del personal –aunque no sé si esa palabra puede aplicárseles a unos canes–. Esperemos que lo que hacemos sirva para que nuestros pares sean bienvenidos en todas las iglesias muy pronto, pues también somos criaturas del Señor y, visto nuestro éxito en esta capilla, somos útiles en atraer almas a la casa de Dios. Porque, como dice Chris, lo importante es que vengan, aunque la primera intención no sea otra que acariciar a estos dos peludos. Luego el Señor se encargará de que esa no sea la única razón de su visita.

39. LA CONQUISTA DEL ESPACIO

Nací en el «arroyo», pertenecí a esa clase de canes que nacen y viven en la calle. Pensar que yo podría llegar a alcanzar fama mundial y que mi gesta —y muerte— fuese décadas después motivo de polémica y homenajes habría sido impensable.

Me parieron sobre una salida de aire caliente del metro de Moscú, el único lugar cálido de una mugrienta calle, no muy lejos de la Plaza Roja, la majestuosa explanada donde descansa el padre de la Revolución soviética, Lenin, y los restos de Stalin, enclave de desfiles militares de la potencia atómica, centro neurálgico del poder soviético que competía con Occidente por dominar el planeta. El emplazamiento, hermoso, bañado por el río Mokba, jalona las murallas del Kremlin y acoge la catedral de San Basilio que, con sus cúpulas orientales, festeja la gloria de la Rusia imperial.

Pero ese Moscú no es el que frecuentaba yo. Para mi madre, y más tarde para mí, encontrar algo que llevarnos a la boca era un reto. El hambre me ha acompañado siempre, por eso nunca alcancé un peso mayor que unos magros 5 kg. El frío tampoco ha dejado de ser un compañero fiel, aunque muy molesto, en el gélido invierno moscovita. Pero nada de eso alteró mi buen carácter, pues siempre he sido juguetona, alegre, dispuesta a dejarme acariciar, intercambiar un ladrido, una caricia por un trozo, aunque fuese pequeño, de comida.

Fue mi personalidad la que hizo que me eligieran para un proyecto muy importante para la política y la ciencia soviéticas. Nada menos que el Sputnik 2, un cohete que iba, por primera vez en la historia, a ser lanzado con un ser vivo dentro. Se trataba de prepararlo todo para, más adelante, poner en órbita a un ser humano. Jruschov, el jerarca ruso que sucedió a Stalin, tenía prisa. Los americanos competían por el espacio y la URSS no quería quedarse rezagada.

Así que el ser simpática y pequeña selló mi destino y comenzaron a entrenarme para la más alta misión que ser vivo alguno había hecho jamás hasta la fecha: ser lanzada al espacio sideral.

Tuve que acostumbrarme a pasar 20 horas sin moverme —y sin hacer ni pipí ni popó— en una copia de la cámara en la que meses después viajaría por el cosmos. La comida consistía en una pasta semilíquida que, aunque me gustaba y saciaba, no dejaba de ser aburrida. Más tarde tuve que soportar cómo me insertaban unos electrodos que permitían medir mi tensión arterial, mis pulsaciones y mi respiración. Pero lo peor era la centrífuga, una especie de rueda en la que me instalaban en una minúscula cabina y que hacían girar a toda velocidad. Me mareaba mucho, pero cerraba los ojos e intentaba no pensar en nada. Me preparaban para la aceleración que experimentaría cuando me propulsasen fuera de la atmósfera. Lo pasaba bastante mal, pero a todo se acostumbra una, especialmente si después hay juegos, buena temperatura y el cariño de los que me cuidaban.

Y por fin, tras todas las pruebas, el 3 de noviembre de 1957 me lanzaron al espacio. Todos sabían que era un viaje solo de ida. El calor en el interior del aparato se hizo inaguantable y a las 4 horas no pude más. Mi cuerpo siguió en la nave, pero yo ya no estaba allí; estaba en otra dimensión, había dejado de vivir.

Mi nombre, Laika, que en ruso significa «la que ladra», dado lo agudo de mi voz, ha quedado para la historia. La historia de la ciencia, de los viajes espaciales y también de la ignominia con que algunos humanos han tratado a los perros. Muchos fueron los que, incluso tras el Telón de Acero, protestaron por mi suerte. Porque de haberlo intentado hubiera sido posible haberme hecho regresar viva; se hubiese obtenido más información, más datos para la carrera espacial. Se desaprovechó una oportunidad y a mí me costó la vida. Si de algo sirvió mi sacrificio fue para que no se volvieran a planificar viajes sin retorno con perros. Otros salvaron el pellejo gracias a mí; no es un mal legado.

Mi historia ha inspirado a numerosos artistas, que han cantado mi tragedia, han esculpido estatuas con mi figura e incluso se han editado sellos de correos con mi imagen para que el mundo no la olvide. Sobre todo que no se olvide la enorme contribución de la especie canina en gran parte de los avances de la humanidad. Sin nosotros la conquista del espacio tampoco hubiera sido posible.

40. PERRO DISCAPACITADO

Cincinatti es una hermosa urbe, con un gran río –el Ohio– que la abraza por el lado sur, que descarga sus aguas muchas millas más al suroeste en el enorme río Misisipi y que cerca de aquí alcanza una anchura de casi 2 km. Siempre está lleno de barcos que transportan su carga de punta a punta del país, o incluso al extranjero, pues no pocos acaban saliendo al océano por el golfo de México. Aquí el río separa los estados de Ohio, orilla en la que está Cincinatti, y Kentucky. Ohio abolió la esclavitud en 1802, mientras que nuestro vecino del sur no lo hizo hasta que acabó la guerra civil americana en 1865, y eso que luchó con el ejército del norte, que a la postre fue el vencedor. Durante esas largas décadas en que Ohio no fue esclavista, multitud de afroamericanos huyeron del sur a través de mi ciudad; si conseguían cruzar el río y llegar a Cincinatti eran libres.

Otra curiosidad es que esta villa tiene un sistema completo de metro, completamente abandonado desde los años 30 –inversiones faraónicas de políticos que no gastaban su dinero–, y fue en una de sus estaciones casi derruidas donde comenzó la historia que os voy a contar

Hacía muchísimo calor, el verano era extremadamente caluroso y húmedo. Aquella tarde resultaba difícil respirar. Hacía pocos días que había parido. Hallé refugio en una de las estaciones viejas del metro, no lejos de una calle con restaurantes, donde conseguía sobras para llenar mi siempre hambrienta barriga, mucho más desde que tenía que dar leche a mis 6 cachorros.

Los pequeños mamaban con mucho apetito, así que tenía que salir muy a menudo de mi rincón, y aquel día aciago de un tórrido verano tuve la mala suerte de cruzarme con un grupo de chavales que, quizá agobiados por el calor o el aburrimiento –las vacaciones estaban a punto de terminar–, empezaron a perseguirme. Soy tímida y huidiza por naturaleza. Quizás ellos solo querían jugar, nunca lo sabré, pero mi aprensión fue más fuerte y crucé veloz la carretera, donde, para mi desgracia, un coche me pasó por encima. Cuando recuperé la consciencia estaba en manos de un policía que, por lo que supe después, me recogió y llevó a un refugio.

Acabé en una clínica veterinaria, donde me tuvieron muchos días. Poco a poco el dolor fue cediendo, pero mis patas traseras no respondían, ni lo han vuelto a hacer desde aquel día. Publicaron mi caso en la web del refugio y se llegaron a cubrir con donaciones los $15.000 que costó mi tratamiento. Un chico pelirrojo, que fue mi primer cuidador en el refugio, me llevó consigo y ahora vivo con él.

Pero mi discapacidad me siguió lastrando: no podía correr ni jugar con mis compañeros del refugio, ni con las familias que acudían a la protectora a adoptar. Mis patas traseras se arrastraban, eran un peso muerto, y lo peor era que cuando trataba de correr solo con las patas delanteras me hacía llagas y heridas al rozar las de atrás el suelo. Pero quien me había adoptado no se rendía. Voluntario en el refugio tiene una auténtica pasión por los perros. Buscó y buscó hasta dar con una solución a mi discapacidad.

La idea se la dio un ingeniero que visitó el refugio. Recuerdo que me tomaron medidas con todo detalle. Para mí era un juego más, así que les seguí la corriente. Unos pocos días después volvieron ambos y me ataron un arnés con unas ruedas. No sabía de qué se trataba, así que me dejé hacer. Últimamente no me movía mucho, mis patas no me lo permitían, por lo que pasaba gran parte del día echada, contenta de tener quien cuidara de mí.

No respondí enseguida cuando un buen día me llamaron de un modo diferente al habitual. Tuvieron que insistir varias veces. Por fin levanté mis patas delanteras y di un par de pasos. Fue una emoción que no puedo describiros. Sentir que mis miembros muertos no pesaban; los sujetaba el arnés atado a su vez a dos pequeñas ruedas. Eché a correr... ¡Y podía hacerlo! ¡Podía correr de nuevo! No podía parar de correr, dar vueltas, seguir a otros perros o a mi amo adonde quiera que fuese. No era lo mismo que tener mis patas al 100 %, pero era muy parecido. Ahora sí podría participar de los juegos. Volvía a ser autónoma, mis caderas no eran un peso muerto, sino que las ruedecillas que las sustituían me permitían volver a ser la que había sido, tener capacidad motora casi completa, recorrer las calles, aunque fuera con una correa, al lado de quien me salvó y adoptó.

41. SALVAMENTO Y RESCATE

Vi la luz en 2009, y lo hice en la 6ª ciudad más poblada del mundo y la que más museos tiene de todo el orbe, además de la mayor universidad del planeta y un conjunto de pirámides único. Os estoy hablando de México DF, la capital del país y mi ciudad de nacimiento.

Quién me iba a mí a decir que me haría muy famosa en mi tierra. Pero así fue y aquí os lo cuento.

Mi entrenamiento comenzó al cumplir unos pocos meses y duró 2 años hasta que estuve capacitada para hacer intervenciones reales. Antes tuve que aprender a distinguir los olores: no todas las personas desprendéis el mismo olor, no es lo mismo el de un niño que un adulto o un anciano. Tampoco huele igual un cadáver, a los que debo evitar para concentrarme en salvar vidas. Cuando encontraba a una persona viva sepultada por los escombros debía ladrar. Y para aprender todo eso entrené mucho. Cada semana entrenaba varios días para mantenerme en plena forma y ser eficaz en encontrar a las víctimas enterradas por un terremoto, explosión o catástrofe de cualquier tipo. A veces edificios enteros caen sobre la persona y yo era capaz de ubicarla para que pudiera ser rescatada.

Como todos los labradores tuve un olfato extraordinario y un carácter muy social. Aprendía rápido. Como siempre, se trataba de jugar con mi entrenadora. El juego es el componente clave del aprendizaje para los perros.

Mi entrenador y yo estuvimos siempre juntos. Formamos lo que en el argot de rescate se conoce como un binomio. Nuestro trabajo no se entiende si no es en pareja.

Contrariamente a otros perros de servicio, nuestra entrada en acción llega por sorpresa y se desarrolla en los lugares más inesperados. Allí donde hay un terremoto o ha colapsado un edificio tenemos que acudir, dejar lo que estemos haciendo, subirnos a un avión en menos de 2 horas y partir hacia cualquier punto del planeta donde podamos ayudar.

Así fue en enero de 2010, cuando una llamada nos sorprendió en mitad de la noche para volar urgentemente a Haití, donde acababa de producirse un devastador seísmo. Las condiciones en aquel país eran paupérrimas. Los edificios, sin ningún tipo de protección antisísmica, se vinieron abajo como castillos de naipes. Cientos de miles de personas quedaron atrapadas. El contexto era muy difícil porque a la pobreza extrema y al desastre natural se les unían la presencia de pandilleros, bandas armadas de rufianes que ponían en riesgo nuestra seguridad. Aun así fui capaz de dar con 12 personas, que pudieron ser socorridas y salvar la vida.

Pero, cosas de la vida, la fama me llegó durante el terremoto que sufrió mi ciudad, México DF, en 2017. Aunque en esta ocasión no pude rescatar a nadie con vida —solo hallé 2 cadáveres—, mi presencia galvanizó a la opinión pública. Me hice famosa, aparecí en TV y todo el mundo conoció a Frida —me llamo como la más famosas de las pintoras que ha dado mi país: Frida Khalo—. Mi chaleco de la Marina, cuerpo en el que servía, hizo que hasta los japoneses me conocieran y bautizaran como Marina Chan. Se erigieron estatuas en mi honor, que para mí reconocen el trabajo de todos los perros de rescate.

Durante mi carrera salvé la vida de 52 personas y encontré muchos cuerpos sin vida, que por lo menos pudieron recibir el último adiós de sus parientes. Porque ese es nuestro cometido: servicio a la comunidad, sea donde sea, siempre preparados para partir, mi cuidadora y yo, el binomio perfecto.

42. GALGO CORREDOR

Si se puede decir que un perro es especial, particular, distinto, sin duda puede ser un galgo. Velocísimos, perfectos cazadores, los galgos tenemos desde que nacemos el instinto de perseguir cualquier cosa pequeña que se mueva velozmente. Somos el terror de conejos y liebres, porque nuestra rapidez los supera en campo abierto. Nuestra estirpe aparece ya en *El Quijote*. Y, aunque soy irlandés, no os extrañe esta referencia al personaje manchego porque, donde nací yo, en Galway, en la costa occidental de Irlanda, hay una estrecha relación con España, desde que en el siglo XVI comenzamos a importar los vinos de vuestra tierra, y a la que más tarde huirían algunos de nuestros héroes al ser perseguidos por el invasor inglés.

En esta ciudad hay un canódromo, una pista de carreras para galgos, donde competimos y se apuestan fuertes sumas de dinero. Las carreras son muy populares en Irlanda y yo soy un profesional de las mismas.

Nuestra raza posee un mayor número de glóbulos rojos que el resto de canes, un gran corazón –en todos los sentidos– y una musculatura casi sin grasa. Todo ello nos permite alcanzar una velocidad punta de hasta 70 km/h. Claro que no todo son ventajas. El espacio que ocupan nuestros glóbulos rojos, tan numerosos, impide que tengamos suficientes plaquetas, así que, cuando sufrimos una herida, no suele coagular fácilmente y perdemos mucha sangre.

Nací en casa de un criador de galgos y pasé casi todo mi primer año con mis hermanos y otros cachorros. Tenemos que acostumbrarnos a llevarnos bien con otros congéneres porque pasaremos mucho tiempo con ellos en distintos lugares, en distintas perreras. El que tenga mal carácter no será un buen corredor y será apartado. No hay excepciones.

Cuando cumplí el año comencé a practicar las carreras. Quizá penséis que un galgo no necesita aprender a correr, y estáis en lo cierto. Pero si vas a dedicarte a ello y competir, una buena formación resulta imprescindible. El entrenamiento era muy divertido: me dedicaba a perseguir un muñeco de trapo atado a una cuerda. Al año y medio ya estaba compitiendo.

Como somos deportistas de élite no vivimos con una familia, sino en una perrera en la que los cuidadores nos dan todo tipo de atenciones para que estemos siempre en forma. Cambiamos de instalaciones a menudo porque competimos en distintos circuitos por todo el país. Nuestro modo de vida es incompatible con ser una mascota al uso de una familia.

Nuestra rutina diaria consiste en salir pronto a pasear con nuestro cuidador, que nos cepillará y dará de comer.

Cada día nos pesan. Somos atletas y como tales debemos cuidar nuestro físico. Sobre media mañana vamos a entrenar, vamos a una pista y desde nuestro box salimos como una flecha detrás del señuelo, un muñeco mecánico que viaja pegado a una barra que recorre todo el perímetro interior del circuito. Unos 500 m. Luego nuestro cuidador nos lava y revisa las patas para ver si hay alguna herida –ya sabéis que sangramos con facilidad–, y de ahí volvemos a nuestro cubículo. Nos sueltan 2-3 veces más en unos patios; estamos a nuestra bola, conviviendo con los otros galgos hasta que llega la hora de dormir, cada uno en su box, con el suelo recubierto de virutas de papel. Muchos días los cuidadores vienen a hacernos mimos y pasar un rato con nosotros.

Pero correr al 100 % durante 4 años es más duro de lo que parece, así que una vez que el cuerpo no responde como antes, aunque sea por muy poco, lo mejor es dejarlo.

A partir de ahí nos convertimos en mascotas. No siempre es fácil adaptarse, ni para nosotros ni para nuestros nuevos tutores. Aunque tenemos buen carácter, si pasa un gato corriendo cerca nuestro saldremos disparados a por él. Está en nuestros genes el correr tras objetos pequeños y podemos tener problemas de ansiedad cuando nos quedamos solos. Sin embargo, somos muy buenos con los niños y no necesitamos hacer grandes carreras, ni siquiera más ejercicio que otros perros cuando convivimos con una familia.

Ahora estoy retirado. Llevo 5 años con una familia que me adoptó en Cork, en el sur de Irlanda. Estoy muy bien con ellos y no añoro competir. Me gusta mucho más pasear tranquilamente y saber que dormiré bajo la cama del pequeño de la familia. Él se asegura así de que no haya ningún monstruo allí que pueda asustarlo. Esa es mi misión cada noche.

43. LA CONQUISTA DE AMÉRICA

Soy buen andador, joven, fuerte, con malas pulgas, tanto en lo que a carácter se refiere como a mi poblada e hirsuta pelambrera, donde los siempre presentes parásitos corretean a su aire y me obligan a frecuentes paradas de rascado.

No me llevan de viaje por ser juguetón o pizpireto como algunos canes que oigo que pueblan la corte de nuestro amado rey don Carlos I. Yo soy un alano, un perro de gran talla, musculoso, nacido para ser guardián, luchador, bravo, fuerte y fiel. Fiel a mi amo, aunque este no siempre lo merezca.

Ya va por el 8º día que paso atado al carro que acarrea las magras propiedades de mi dueño, tan magras que ha decidido dejar la España que nos vio nacer por la Nueva España que promete oro y aventuras, según me cuenta por las noches a la vera de un buen fuego, donde asa algún animalillo que cae en los lazos que planta por la tarde y del que yo consumo sus tripas, piel y huesos.

Hoy por fin ya dormimos en el puerto, en Sevilla. De allí partirá la nao que ha de llevarnos al Nuevo Mundo, travesía que iniciamos con buen tiempo, con suaves vientos que nos transportarás primero a Tenerife y más tarde, si hay buenos alisios en popa, en unas 3 semanas hasta las islas del Caribe.

La vida a bordo no es placentera. Mi existencia no lo ha sido nunca. Creen los hombres que son mejores que nosotros por tener conciencia, pero ignoran que no tenerla es una gran ventaja, pues vivimos en el instante, no esperamos nada ni nada añoramos, al contrario que los hombres, que nunca hallan reposo ni satisfacción con lo que poseen y viven más pendientes de lo que pudo ser o será en lugar de disfrutar del momento presente.

Pasé prácticamente todo el viaje en la bodega de la nave. El capitán prohibió que los canes paseásemos libremente, así que permanecimos todos juntos en un espacio vallado en las bodegas de la nao, que a los pocos días despedía una pestilencia nauseabunda, aunque no mucho peor que el tufo que inundaba el barco completo. Comíamos algo de tasajo o carne hervida, trozos de pan enmohecido y poca agua, la justa para ir pasando. A nuestro lado estaban los caballos, que tenían su propio forraje y cuyos orines bebíamos cuando el oleaje empinaba el galeón por babor y el dorado líquido fluía hacia estribor, donde estaba nuestro redil.

Asqueado, mucho más delgado, con más pulgas y menos fuerzas me encontró el día en que el vigía gritó «¡¡¡Tierra!!!». Qué contentos se pusieron todos. Aquellos hombres rudos, malencarados, lloraban y bailaban como chiquillos, repartían viandas e incluso caricias como si acabasen de ganar varios lingotes de oro. Por fin América se abría ante ellos, y con ella su promesa de riquezas.

Pero yo había sido traído a la tierra prometida a pelear. Al fin y al cabo soy un alano; ¿para qué me iban a traer si no? Grande, musculoso, con cara de pocos amigos, me pertrecharon con una armadura acolchada y un enorme collar de púas. De esta guisa, tanto yo como otros canes llegados junto a mí al nuevo continente nos lanzábamos a encontrar el rastro de nuestros enemigos, despedazarlos si era preciso, anticiparnos a las emboscadas de los nativos. Todo eso y mucho más hice en el nuevo continente.

Mi sello ha perdurado en la historia, porque sin nosotros la Conquista no hubiera sido posible, o hubiera sido mucho más difícil de lo que ya fue.

Fuimos el cincel que moldeó la historia del nuevo continente, pero para grabar la piedra, el cincel también recibe golpe tras golpe, y nosotros, por obedientes, también sufrimos lo nuestro, pues fuimos arma de guerra, fuerza de choque, aterrorizamos a unos aborígenes que nunca antes habían visto animales como nosotros, pues, aunque ya había perros en América cuando llegamos, aquellas razas no eran fieras ni de gran tamaño. Junto a nuestros hermanos los caballos aportamos a los guerreros españoles una ventaja en el campo de batalla crucial para hacernos con aquellas tierras.

Nos mezclamos con los canes locales y nuestra impronta se diluyó en la historia de América, pero nuestro papel fue relevante, como lo atestiguan numerosas crónicas que describen nuestra fidelidad para con los soldados, que nos trataban como auténticos pares, y un valor rayano en la temeridad que aún hoy sorprende y admira a los historiadores que se asoman a nuestras andanzas en aquella América recién descubierta.

44. PERRO CALLEJERO

Bombay es el centro económico de la India, una potencia cada vez más pujante, que tiene en esta enorme ciudad un gran motor de desarrollo financiero. Algunos la comparan con la Nueva York de Wall Street, aunque aquí prefieren la comparación con Hollywood, pues no en vano la industria del 7º arte es colosal en esta urbe. Conocida como Bollywood, produce unas 2.000 películas al año.

Según los datos estadísticos, Bombay ocupa la posición 25 en la lista de urbes más ricas del mundo. Pero eso es una media estadística, y ya se sabe que la estadística es esa ciencia según la cual si una persona se come 2 bocadillos y otra ninguno, cada uno se habrá comido 1 bocadillo de media.

Que nadie se llame a engaño: en Bombay los pobres son multitud, pero pobres muy muy pobres, personas sin acceso a agua potable que a diario deben filtrar y hervir un par de litros para poder obtener lo más básico: agua para beber. Una ducha está fuera del alcance de la mayoría. En el barrio donde yo vivo, construido con basura y desechos, hay un baño por cada 500 personas.

Y entre los más miserables estoy yo, y como yo otro millón de perros que viven con los más pobres. Tenemos que rebuscar entre la basura para echarnos un bocado a la boca. A pesar de la escasez y del sofocante calor de esta ciudad nos multiplicamos sin cesar. Somos resistentes a todas las plagas. Y somos importantes. Nuestro fuerte instinto territorial hace que cuando se acercan extraños ladremos con fuerza, alertando así de la presencia de posibles ladrones.

Los niños son nuestros mejores amigos. Quizá aquí es donde mejor se ve ese nexo entre los infantes y los perros pues, por miserables que seamos, siempre hay un niño de amplia sonrisa que nos adopta, porque, aunque vivamos en la calle y no nos den de comer, prácticamente todos tenemos dueño: el que nos adoptó una vez o nos dejó descansar a la puerta de su chabola.

Vivimos muy poco, unos 3 años de media. Muchos mueren de cachorros porque sus madres no pueden alimentarlos, otros perecen como consecuencia del enfebrecido tráfico de esta ciudad y algunos más son devorados por los leopardos. Aunque os parezca increíble, en esta ciudad los hay y algunos se han especializado en cazarnos.

En la India, contrariamente a otros países, es muy difícil controlar la población de perros. Tan solo podría hacerse esterilizándonos uno a uno, pues la ley prohíbe que se nos recoja en perreras o sacrifique. Una vez en la calle, que es donde prácticamente todos nosotros nacemos, tenemos el derecho de permanecer en ella. Y como controlar a nuestra población es costoso y el presupuesto se invierte en otras cosas seguimos creciendo, lo cual puede llegar a ser un problema. Podemos ser portadores de rabia, así que a las autoridades no les disgusta el que los leopardos se coman unos 1.500 perros al año en Bombay. Es una forma de reducir la incidencia de esta terrible enfermedad que mata a unas 40.000 personas al año tan solo en este país. Y eso que los felinos alguna vez atacan también a los humanos.

No tengo ni siquiera un nombre. Hoy he comido los vómitos de un chiquillo; por lo menos tengo la tripa llena por un rato.

La mayoría de los perros del mundo son como yo. Vivimos cerca de los humanos, pero no somos mascotas. Somos los más pobres de entre los pobres. Pero nunca nos separamos mucho de los humanos; hemos evolucionado para vivir de ellos, con ellos, es decir, cerca de vosotros. Quizá algún día todos los perros tengamos un dueño que nos cuide, dé cariño y atenciones. Yo no lo veré. Soy un perro paria.

45. PERRO ALCALDE

Crecí entre viñedos, cerca del mar, en un lugar apacible, hermoso y con un clima privilegiado. Os hablo de una pequeña población californiana, no muy lejos del bullicioso y atractivo San Francisco.

Sunol, que así se llama la villa, debe su nombre a un ranchero español, Antonio Suñol, que dejó su ciudad natal, Barcelona, y se instaló en estas tierras, donde hizo fortuna allá por el siglo XVIII.

Yo, mucho más modesto, soy un cruce de labrador y *rotweiller* negro como el carbón. Me pusieron de nombre Bosco Ramos. Pocos perros tienen nombre y apellido, pero aún así lo más probable es que no hubierais tenido noticia de mí si no hubiera sido porque me convertí, sin buscarlo, comerlo ni beberlo, en un símbolo político de la democracia.

Y todo comenzó con una broma en el bar del pueblo. La villa es tan pequeña que no alcanzaba ni siquiera los 1.000 habitantes. Dos amigos estaban discutiendo sobre quién tendría más opciones de ganar la alcaldía, caso de que la hubiera, si una persona o un perro. Mi dueño, que casualmente estaba oyendo la conversación, no tuvo inconveniente en proponerme allí mismo como candidato. Dicho y hecho: se abrieron las urnas para elegir al alcalde honorario de la población. Me presentaron como candidato por el partido Re-pup[2]-licano y mi lema electoral fue «Un hueso en cada plato, un gato en cada árbol y una boca contra incendios en cada esquina», en clara referencia al desmedido deseo de comer huesos que caracteriza a todo can que se precie, nuestra afición por perseguir a los felinos domésticos y orinar en cada farola o boca de incendios, muy presentes en los EE. UU.

Recibí 75 de los 125 votos totales emitidos y me convertí en el primer perro alcalde del país. Todo esto pasaba en 1981; poco podía yo sospechar que ganaría las elecciones 14 veces consecutivas.

Repetí mucho más de lo que le es permitido al presidente, que solo puede optar a 2 mandatos. Los alcaldes, o por lo menos los perros-alcalde, no tenemos esa limitación.

----

2   La palabra inglesa *pup* significa cachorro.

Me pusieron la banda de regidor alrededor del pecho, me dieron muchas hamburguesas y todo el mundo quería hacerse fotos conmigo. Fue simpático, y no hubiera pasado de ser eso, una broma, si no hubiese sido por que los chinos se lo tomaron en serio. ¿No me creéis? Pues seguid leyendo.

En 1989 el mundo observaba con horror cómo el régimen comunista chino aplastaba la revuelta popular de la plaza de Tiananmén. Las críticas llovieron desde todos los rincones del planeta, así que el Gobierno chino contraatacó e hizo alusión a mi elección a alcalde como una prueba fehaciente de que la democracia occidental era una estupidez. Fui portada del Diario del Pueblo, el periódico oficial del partido comunista chino, nada más y nada menos, material para consumo interno de los ya convencidos, imagino. Parece que no captaron que todo se trataba de una simple chanza, un juego que comenzó con unas cañas en el bar del pueblo.

Aun así me uní a varias manifestaciones contra los abusos de la dictadura china y mi participación hizo que las protestas fuesen más concurridas. Y de ese modo alcancé fama mundial.

Pero todo tiene un fin, y el mío llegó en 1994, cuando, ya muy enfermo, me hicieron dormirme para siempre. Pero los vecinos a los que serví no me olvidaron, y en el año 2008 erigieron una estatua en mi honor, frente al edificio de correos, en Sunol, mi pueblo, rodeado de viñedos y cerca del mar.

46. PERRO LAZARILLO

Vivir en Jávea es un privilegio, pues es un lugar con un clima siempre benigno, de los mejores del mundo según la ONU. El cabo de San Antonio, inmenso coloso que surge en vertical desde el mar, limita la villa por el norte y nos regala, desde su cumbre coronada por un faro, unas vistas espectaculares del Mediterráneo a sus pies. En días claros se ve asomar por levante la isla de Ibiza.

Aunque la población es pequeña, la villa está siempre animada, con visitantes de todas las naciones que disfrutan de su brisa, regalo de la naturaleza para los que tenemos la fortuna de vivir allá.

Fue el azar lo que me trajo a esta tierra. Yo nací en las instalaciones que la Organización Nacional de Ciegos Españoles tiene en Madrid, así que mi destino estuvo sellado desde el primer día: iba a ser perro guía para personas invidentes, pero no penséis que llegar a ser un perro lazarillo no es ni mucho menos algo automático.

Los primeros 12 meses debemos pasarlos con una familia de acogida. Son voluntarios que quieren ocuparse de nosotros, darnos atención, no dejarnos nunca más de 2 horas solos. En definitiva, tienen que llevarnos a todas partes. Durante esa etapa aprendemos a socializar. Y si alguno de nosotros es demasiado agresivo o distraído se le excluye del programa y se da en adopción.

Pasado ese tiempo vamos a la academia de la ONCE. Allí, monitores expertos en comportamiento nos educan para ser auténticos perros guía. El entrenamiento utiliza siempre el refuerzo positivo, que consiste en premiarnos cuando hacemos las cosas bien, de modo que más adelante esa conducta surja en nosotros de modo natural. Aprendemos así a acompañar a personas invidentes para que puedan beneficiarse de nuestra ayuda.

Así fue como encontré a Verónica, una joven que perdió la vista en un accidente y con quien convivo. Porque cuando estoy con ella en la calle soy su ayudante, y eso significa que estoy trabajando. Ahora bien, cuando estamos en casa convivo con la familia como una mascota más. Recibo y doy cariño; lo pasamos muy bien, como cualquiera de vosotros con vuestros perros.

La historia de los perros guía es muy antigua. Se sabe que ya los había en tiempos de los romanos, tal y como atestigua un mosaico hallado en Pompeya. Pero fue tras la Primera Guerra Mundial cuando en Alemania se abrió el primer centro de formación de perros para veteranos de la contienda que habían perdido la vista en combate. Desde entonces los perros guía hemos ampliado nuestra presencia a multitud de países, que usan nuestros servicios para que las personas invidentes puedan valerse por sí mismas. En España somos 1.000. La ONCE entrena unos 130 cada año. Yo soy un caniche grande, de pelo blanco rizado. Quizá pensabais que todos los perros guía éramos pastores alemanes o *goldens*, pero otras razas también participamos en el programa.

Os dejo; tengo que trabajar. Salgo con Verónica a caminar al lado del mar a que nos dé la brisa y hacer algunas compras.

47. EL ASIDERO DE UN NIÑO

U n millón de visitantes pasan cerca de mi casa todos
los años. Muy cerca de donde vivo está Mount Ver-
non, una bella mansión y terreno de cultivo a orillas
del río Potomak. Las suaves y verdes colinas de Virginia rodean el lugar, un remanso de paz. En realidad lo es; aquí vi-
vió el primer presidente de los EE. UU. George Washington
allí crió animales, tomó decisiones y ahí reposan sus restos,
cuya sepultura recibe multitud de visitas a diario.

Pero el mal incuba su ponzoña en los lugares más in-
sospechados. Un humilde perro en las peores circunstancias
puede ser un asidero, un puerto seguro donde descansar,

aunque sea brevemente, de una vida que poco a poco deja de tener sentido.

Vivo en una hermosa casa cercana al río, no nos falta de nada y Andrew y yo somos los mejores amigos del mundo. Como soy pequeño, un *teckel* de pelo duro –un perro salchicha–, me agarra en sus brazos y me lanza contra el colchón de la cama. Boto y reboto y retorno para que vuelva a agarrarme y tirarme. Se ríe y no hay pareja más feliz en el planeta.

Pero últimamente ya no hay gritos ni botes ni rebotes ni juegos; simplemente apoya su pequeño rostro pecoso contra mi espalda y llora desconsoladamente durante horas mientras repite mi nombre: Shelby, Shelby, Shelby.

Todo cambió cuando los padres de Andrew se divorciaron y la nueva pareja de su madre vino a vivir a casa. Al principio todo fue bien, pero a medida que pasaba el tiempo comenzaron los gritos, los empujones y algún tortazo al pobre chaval por cualquier nimiedad. Yo tampoco me libré. Me cayó más de un puntapié. Andrew, que era un alumno brillante, ha comenzado a sacar malas notas. Era un chico muy seguro de sí mismo, uno de los mejores de su equipo de fútbol. Ahora no entrena, solo sonríe cuando me abraza para, acto seguido, llorar sobre mí.

Un día, fuera de sí, el compañero de la madre de Andrew la golpeó muy fuerte. El chico y yo estábamos encerrados en el baño. Afortunadamente, a pesar de las patadas y los empujones, no pudo echar la puerta abajo. Cansado y frustrado lo dejó por imposible y se fue. Esa noche nos marchamos al refugio contra violencia doméstica que hay en Alexandria. Nos atendieron bien, pero no admitían perros –muy pocos refugios lo hacen–. No hubo forma de convencer a Andrew. Y él sabía que si yo volvía a entrar en aquella casa cualquier día sería objeto de una paliza que acabaría conmigo –los perros somos víctimas propiciatorias de los maltratadores para hacer daño a los miembros de la familia a los que no pueden alcanzar.

Andrew le dijo a su madre que yo era su único apoyo, lo único por lo que valía la pena vivir. –Esta afirmación es muy frecuente entre niños maltratados que tienen mascota, y años más tarde, cuando ya no estamos con ellos y son adultos, nos recuerdan como lo único por lo que les parecía que valía la pena en la vida, lo que les daba la fuerzas para seguir adelante.

Así que como no podíamos volver a la casa, ni me admitían en el refugio, nos fuimos a vivir al coche. Nos pasamos 2 años viviendo así. Ellos se duchaban en el refugio, viviendo incómodos pero más tranquilos porque por lo menos ya no sentíamos el terror cotidiano de la violencia doméstica

La madre de Andrew encontró empleo. Poco a poco pudo permitirse una vivienda, una nueva vida llegó. Yo, ahora ya muy viejo, apenas tengo fuerzas para dar un corto paseo, pero el joven Andrew vuelve a ser un estudiante brillante, un joven lleno de vida que cada día me agradece el que yo, un humilde *teckel*, un chucho, fuese su punto de apoyo, un clavo ardiendo al que aferrarse. Yo, un perro, fui su ancla de salvación, quien le ha permitió recuperar la vida, y por ello miles y miles de canes somos héroes.

48. PERRA NODRIZA

Los medios no han recogido mi identidad, tan solo mencionan lo que llevo haciendo por lo menos 7 años en el zoo de Harbin. Posiblemente no os suene Harbin, pero es una de las ciudades más grandes de China, con más de 10 millones de habitantes.

Aquí, en el norte de la República Popular, el clima en invierno es glacial, tanto que se celebra un festival de estatuas de hielo que se conservan intactas a la intemperie durante meses y que atrae a viajeros de todo el mundo.

Pero, como os decía, yo presto servicio en el zoo de la ciudad. Allí he sido madre nodriza de muchos cachorros de las más variadas especies. Resulta bastante frecuente el que algunas hembras, especialmente de especies salvajes en cautividad, rechacen a sus crías.

Muchos de estos animales están en peligro de extinción: tigres siberianos, leopardos de las nieves, incluso leones o pandas. Y producir leche sintética con las características que cada cachorro necesita es muy complicado. Así que ahí entro yo. Me encanta adoptar a los pequeños rechazados. Cada uno es diferente, pero todos se agarran a mis mamas como si en ello les fuese la vida. Y en realidad así es. La leche que yo segrego no es perfecta para todos los animales, pero es lo mejor y más rápido que les podemos ofrecer en el zoológico.

Yo también tengo mis propios cachorros, pero genero mucha leche y puedo amamantar a algún que otro «extra» que lo necesite. En el zoo lo saben y por eso me dan mucho y bien de comer.

Gracias a mis servicios y mi generosidad se recuperan especies importantes para la biosfera. Me siento orgullosa de ello.

49. LOS PERROS DEL REY EN VERSALLES

Quizá el palacio de Versalles sea el más hermoso del mundo. Fue el centro neurálgico del poder de la monarquía absoluta francesa desde que Luis XIV lo mandó construir hasta el fin del *Ancien Régime* tras la llegada de la Revolución y su brazo ejecutor: la guillotina. Rodeado de hermosísimos y cuidados jardines, fuentes majestuosas y un bello lago aglutina en su interior pinturas y un mobiliario que fueron la envidia de todas las casas reales europeas.

Todos los reyes de Francia fueron muy aficionados a la caza, como en general la nobleza en aquellos tiempos, y se necesitaba del concurso de numerosos perros, que vivían en perreras no lejos de palacio y de quienes se ocupaba un ejército de cuidadores. Pero hubo algunas excepciones. Y yo, Filou, el can preferido de Luis XV, soy prueba de ello.

Luis XV llegó de manera imprevista al trono con tan solo 5 años. Quizá la enorme responsabilidad que tuvo que asumir desde tan joven o las intrigas palaciegas hicieron de él un joven tímido e introvertido. Tal vez por ello volcó su cariño o buscó llenar sus carencias afectivas con los perros, cazadores en su mayoría.

Yo fui su perro de compañía, un *king Charles spaniel*. Mi talla menuda, mis larguísimas y caídas orejas, mi pelo sedoso y mi carácter bonachón se ganaron el corazón del monarca.

De mí el rey llegó a decir que era «el único que lo quería por quien era en sí mismo». Su aprecio por los canes fue tal que sus perros de caza favoritos dormían en palacio, en una cámara –*chambre des chiens*– dedicada a ellos.

Tanto Luis XV como su antecesor, el Rey Sol, Luis XIV, hicieron pintar a varios de sus canes favoritos por renombrados artistas. Sus lienzos se conservan en Versalles, Fontainebleau y otros palacios de la monarquía gala.

El interés y la devoción por nosotros llevó a Luis XV a nombrar un gobernador de los perros de su majestad el rey, que cuidaba y atendía a los perros favoritos del monarca.

Luis XV nos alimentaba con bollos hechos en exclusiva por su pastelero para nosotros, algunos incluso con aroma de limón. Teníamos acceso a lo que la mayoría de la población tenía vetado, sobre todo comida en abundancia. No es de extrañar el que las cosas acabasen como lo hicieron años más tarde. Pero esa ya es otra historia.

50. PERRO ESTEPARIO

Todos los inviernos son gélidos en Mongolia, pero el *dzud*, el frío atroz que sigue a un verano particularmente seco, es una guadaña que siega miles de vidas. Yo no le tengo miedo. Mis pies y mis manos son muy estrechos para no perder calor y estoy adaptado a comer lo justo, pues en las estepas de Mongolia el alimento no sobra. Además, mi pelaje es muy denso. Durante el período comunista, mi país era un satélite de la extinta URSS. Los programas de colectivización redujeron la actividad ganadera al mínimo y, sin ella, lo que soy deja de tener sentido. Además, entre la *Nomenklatura* soviética se puso de moda el lucir sombreros hechos con pieles de mis antepasados. Poco faltó para que dejásemos de existir.

Pero ahora hemos vuelto a ser lo que siempre fuimos: los depositarios de la esencia de la estepa. Tanto es así que cada *bankhar* —mi raza— tiene un nombre propio, porque somos miembros de la familia. Cuando un nuevo cachorro nace se le susurra su nombre al oído y se le cría a base de leche. El mío es Baavgai, oso en mongol. Tan enraizada está nuestra labor en la vida de los pastores nómadas que creen que tras partir de este mundo nos reencarnamos en personas. Nos entierran en lo alto de las montañas para que nadie se atreva a hollar nuestra tumba. Al morir nos cortan el rabo —que es muy peludo y se enrosca hacia nuestro lomo, lo que permite distinguirnos desde lejos— para que a la persona en la que nos reencarnaremos no la confundan con un perro. También nos ponen un trozo de grasa en la boca para que no pasemos hambre durante el viaje final. Mientras hago guardia a la puerta del *ger*, la casa típica, la temperatura está por debajo de -35°. Y aunque hemos buscado acomodo a los pies de una montaña, de tal suerte que nos haga de cortavientos, este año el *dzud* es inclemente. Quedarán pocas ovejas, cabras y camellos cuando, en primavera, busquemos los pastos frescos. Pero la vida volverá a germinar. Siempre lo hace.

Sin nosotros, sin los *bankhar*, el ganado es presa fácil para lobos, águilas y leopardos de las nieves. Los pastores no tienen otro remedio que aumentar el número de cabezas, pero la estepa da una hierba escasa, rala. Si hay demasiados animales, el terreno se desertifica. Con mi regreso los predadores están a raya, los rebaños tienen el tamaño justo y la planicie reverdece cada primavera. Protejo el ganado; incluso me dejan al cuidado de los niños cuando el duro trabajo desborda a toda la familia. Soy la piedra angular de la vida nómada de los mongoles, herederos de Gengis Khan, curtidos en una tierra dura, poco generosa, que, con mi ayuda, pueden habitar.

51. PERRO MINERO

No recuerdo muy bien cómo llegué a Río Turbio, supongo que vagando de pueblo en pueblo por esta región del sur de la Argentina. Desde aquí se ve muy bien la cordillera de los Andes, con sus picos cubiertos por un eterno manto blanco. Algunos días, según sople el viento, el rey de estas montañas, el cóndor, se deja ver majestuoso volando sobre sus dominios, orgulloso de poder desde ahí arriba otear el horizonte y mirarnos con un cierto desdén.

Río Turbio es una villa de poco más de 8.000 almas. Aquí los inviernos pueden ser gélidos, con temperaturas de -30°C, y las montañas no ofrecen espacio para la actividad agrícola. Pero la riqueza de esta tierra no está en la superficie, sino debajo de ella. Aquí hay mucho carbón, y lógicamente minas para extraerlo.

Yo soy el ejemplo perfecto de un perro que no tiene dueño: vivo con todos y con nadie. Me gustó este pueblo y aquí me quedé. Los vecinos me demostraron enseguida su cariño. Entre todos me adoptaron y yo me aficioné a bajar a la mina con los que allí trabajan. Me montaba en su autobús y, allí abajo, sin miedo a los ruidos de la maquinaria, empecé a hacerles compañía. ¡Cómo lo aprecian! Y no es para menos. La mina es un trabajo duro donde los haya; bien lo vivieron en sus carnes algunos congéneres míos en las minas de Pittsburg, donde cargaban las pesadas vagonetas que había que subir a superficie. Sin embargo a mí en la mina nunca me hicieron trabajar y siempre me trataron de primera. Pero es un lugar peligroso. Pude constatarlo cuando un carro lleno de carbón me atropelló. Tuve la gran fortuna de que los mineros se ocuparan de mí y recolectaran el dinero necesario para que me pudiera operar y recuperarme.

Como soy blanco siempre iba tiznado del negro de la antracita. Yo creo que el ir siempre manchado me hizo más popular aún. Todos me llaman Tonel. No sé muy bien por qué, pero así me denominaron durante los 14 años que bajé casi a diario al subsuelo, prácticamente toda la vida.

Cuando fallecí me hicieron un entierro por todo lo alto y los mineros pagaron para que me erigieran una estatua. Fui un perro sin amo, aunque en realidad era de todos. Creo que les hice algo más felices. ¿Acaso no es esa la razón de ser de los perros? Por mi parte puedo deciros que entre todos me dieron una vida llena de buenos momentos.

52. RESCATANDO HUEVOS DE TORTUGA

No os lo voy a negar: soy un perro más que afortunado. Vivo a tiro de piedra de la costa de Florida. Paso muchas horas al día en la playa, y las de este estado son espectaculares: aguas cristalinas, arena dorada, buen ambiente, surfistas, aunque hay que andarse con ojo porque también hay algunos tiburones. Yo no me meto casi nunca en el agua; algún chapuzón que otro, pero nada más.

Yo voy a la playa a oler, tratar de encontrar nidos de tortugas marinas.

Estos reptiles, como ya sabréis, ponen los huevos en playas de arena fina. Los entierran a bastante profundidad, hasta un metro, para que el calor del sol los incube y salgan, corriendo hacia el agua, unas semanas más tarde las tortuguitas. Pero las especies de tortuga que desovan en estas costas están en peligro de extinción y no faltan predadores que desentierran los huevos para comérselos. Así que se ha puesto en marcha un programa para tratar de localizar los nidos para protegerlos con un vallado, o incluso llevarse los huevos a una incubadora para garantizar que salgan las crías.

Aquí los expertos se enfrentan a un problema: no siempre es fácil encontrar los nidos. Lo intentan por la mañana —las tortugas ponen de noche—, tratando de identificar en la arena el rastro en su camino desde y hacia el mar, pero es más complicado de lo que parece. Además, a veces la tortuga adulta sale, deja marcas, pero al final no pone huevos, con lo que los voluntarios se vuelven locos.

Así que una vez más tuvieron que recurrir a los perros, en este caso a mí. Los naturalistas con los que trabajo han medido que yo puedo encontrar nidos con el doble o el triple de acierto que ellos. Así protegemos a las tortugas, y esas especies, por lo menos en Florida, pueden comenzar a recuperarse.

Lo que hago es divertido, aunque a veces puede resultar duro. El sol es abrasador, así que, cuando encuentro un nido, además de darme mi juguete favorito, mis cuidadores montan sobre la arena un pequeño parasol para que me proteja bajo su sombra y de este modo, y con abundante agua, descansar mientras ellos se encargan de recoger los huevos para que las tortuguitas sobrevivan y vuelvan a poblar el mar.

Me llamo Dory y soy un hembra cruce de *fox terrier*. Si vais por Florida fijaos bien, igual nos vemos por allí.

53. PROTEGIENDO LA COSECHA

Yo nací en una granja. No es muy grande, cosa rara por aquí, porque en general son enormes. Tenemos campos de cultivo en los que se alternan según los años los cultivos de soja y maíz, y también criamos unos pocos cerdos y vacas tanto para consumo propio como para vender, no en los grandes supermercados sino en el nuestro, un tenderete que montamos en los mercados itinerantes que hay en los pueblos de nuestro condado.

La tierra de esta parte de Indiana es muy fértil, las lluvias abundantes y la familia trabaja duro, así que con altibajos las cosas marchan. La llanura es casi infinita y cuando el maíz o la soja están ya crecidos son lo único que resulta visible: kilómetros y kilómetros de campos cubiertos con uno de estos 2 cultivos. Eso es todo lo que se puede ver a la redonda. Para mí es un lugar ideal, con campo para correr, una familia que me cuida y una misión muy importante que cumplir.

Obtener una buena cosecha requiere de mucho esfuerzo. No prestar atención a algunos detalles puede arruinarla o disminuirla considerablemente. Además de insectos o enfermedades, aquí en Indiana hay un factor adicional: los ciervos. Hay muchísimos y les encanta comerse el maíz dulce o las habas de soja que producimos. Para los insectos y las enfermedades de las plantas hay tratamientos bastante eficaces, pero ¡qué hacer con los ciervos! Lo cierto es que en el bosque tienen comida más que suficiente, pero les resulta mucho más fácil comerse las mazorcas que rebuscar entre la maleza. Y contra eso las soluciones son dos: vallar el terreno, lo que resulta costoso, estropea el paisaje y puede dificultar el uso de la maquinaria, o los perros. Y esa es mi tarea. Soy un *husky* —aquí los inviernos son muy fríos— y se me da bien este trabajo. Desde que estoy en ello, las pérdidas, que llegaron a ser de varios miles de dólares por hectárea, ya son cosa del pasado. Así que, ya veis, con lo que consigo que ahorre la familia les da para mi comida y los gastos veterinarios.

Yo sé por dónde suelen entrar los ciervos y en qué épocas del año son más activos. En cuanto los huelo me acerco y les ladro. Aunque muchas veces no hace falta: cuando me ven, directamente se van. Mi aspecto lobuno, mis ojos azules y mi potente ladrido los ahuyentan. Hay veces que ni lo intentan: ya saben quién manda por aquí y no se atreven a acercarse.

54. ANIMAR A LAS TROPAS

Pocos lugares del mundo tienen un clima más húmedo y pegajoso como las selvas de Nueva Guinea. Allí aparecí yo hacia finales de la Segunda Guerra Mundial. Un soldado americano me encontró en el agujero que había hecho una bomba y me llevó con él. Pero como tenía algunas deudas de póker me vendió a un oficial, con quien pasé el resto de la contienda. Mi nuevo amigo me puso Smoky de nombre y creo que fui yo quien, sin querer, hizo que la raza *yorkshire* a la que pertenezco se hiciese popular. Los *yorkies*, como también se nos conoce, somos muy pequeños, por eso cabemos en cualquier sitio; a mí me hicieron dormir más de una vez dentro de un casco de los que usan los militares para protegerse, tan chiquitín soy.

Acompañé a los soldados en muchas misiones de reconocimiento aéreo para darles moral y mimos, y por ello me condecoraron hasta en 8 ocasiones.

Una de estas misiones se desarrolló en las Filipinas. Allí mi tamaño menudo me permitió meter los cables de transmisiones a través de unas estrechas tuberías de modo que los soldados no tuvieran que estar cavando y expuestos a los francotiradores enemigos. Pero no todo era combate, así que entre tiroteo y tiroteo, Bill —así se llamaba quien me adoptó— me enseñaba trucos que yo hacía ante las tropas y que poco a poco me hicieron extraordinariamente popular.

La guerra terminó y Bill me llevó con él a Cleveland, en Ohio, pero lo cierto es que, con todos los trucos que había aprendido —¡sabía caminar sobre una cuerda con los ojos vendados sin caerme!—, nos convertimos en noticia en los medios de todo el país. Seguíamos visitando hospitales de veteranos, pues no olvidábamos a nuestros antiguos compañeros. Mis orejas puntiagudas, mis ojos vivarachos, mis ladridos agudos y mi poco peso, que permitía que me subiese a las camas de los convalecientes, conseguían que durante unos minutos olvidasen sus heridas.

Mi cuerpo dijo basta en 1957, cuando tenía 14 años. Bill y su familia me enterraron en un parque cercano a Cleveland. Años después, para conmemorar el día de los veteranos, en ese mismo lugar, en 2005, se descubrió una estatua en mi honor, que me muestra metida en un casco de soldado de la Segunda Guerra Mundial, tal y como me llevó hasta su campamento el militar que me encontró en un agujero hecho por una bomba en la remota selva de Nueva Guinea.

55. CATADORES DE CROQUETAS

N o, no vaya a creer, amigo lector, que soy un catador de vinos al estilo de los profesionales de la degustación con su medido ritual. Soy algo menos delicado, no le doy vueltas al líquido en una copa, ni aspiro su aroma, ni doy pequeños sorbos para captar su *bouquet*, no. La verdad es que me zampo todo lo que me ponen por delante tan rápido como puedo –como hacen todos los perros–, pero, a pesar de mis maneras, un poco de zampabollos, soy un catador. Un catador de croquetas para perros, un sumiller de piensos para perros.

Y aunque lo pueda parecer, no es fácil llegar a serlo. Fui entrenado durante un año en el centro de investigaciones caninas que hay en la ciudad de la primavera eterna, más conocida como Medellín, en la hermosa Colombia, urbe muy bonita, con numerosos parques en los que una naturaleza ubérrima regala sus encantos naturales a los visitantes y de la que fue hijo Fernando Botero, pintor y escultor de fama internacional. Tenemos una plaza en su honor que alberga numerosas estatuas con sus gordas figuras.

En el centro vivimos 40 perros, y la verdad es que tenemos una calidad de vida envidiable. Con 18.000 m² de pasto no nos falta espacio para correr y divertirnos. Hay igual número de machos que de hembras; así se puede validar que un sabor determinado o la textura de una croqueta nos gusta a los dos sexos por igual. Para sacar conclusiones de una cata y elegir la mejor palatabilidad de un pienso tiene que ser el preferido para por lo menos 30 de nosotros.

La cosa no se limita a medir qué nos gusta más; después los veterinarios tienen que estudiar qué tal lo digerimos. Así que les toca hacer un montón de análisis de nuestras cacas, determinar si nuestro pelo brilla más o menos, si engordamos más de la cuenta o no, si estamos alegres y vivaces, etc.

En definitiva, muchos exámenes de todo tipo para que los perros que más tarde se alimenten con el pienso que a nosotros nos parece mejor tengan a su disposición comida saludable y testada. De este modo se evitan errores que, en algo tan importante, podrían llevarnos a enfermar.

Bueno, ahora me sacan a pasear, así que tengo que dejaros. Podéis venir a visitarme si os acercáis a Medellín. Aquí os espero. Entre croqueta y croqueta.

56. CHIENGORA

La palabra *chiengora* quizá no os suene, pero es una combinación de –*chien* perro en francés– y angora, un pelo especialmente sedoso y suave que produce la raza de conejos angora. Se utiliza para designar el arte de tejer prendas a base de pelo canino, moda para unos pocos hoy, pero algo común para los míos hace unos pocos siglos.

Fui el último de los de mi raza, o por lo menos del que se tiene noticia. Pero mi estirpe fue tan importante que mi piel hoy se conserva para su estudio en el Museo de Historia

Natural de Washington DC. Porque análisis sobre mí se han hecho muchos, sobre todo pruebas genéticas para conocer de dónde vengo y quizás entender por qué desaparecí. Mis ancestros y yo mismo vivimos entre los EE. UU. y Canadá, en una región cubierta de frondosos bosques, bañada por el Pacífico y de rica fauna, tanto terrestre como marítima. En esta región, a nosotros, los perros *salish,* nos cuidaban los nativos con auténtica devoción. ¿La razón? Éramos imprescindibles para confeccionar prendas de abrigo. Nuestro pelo era recolectado con cepillos y se hilaba para tejer con él jerséis, alfombras y todo tipo de ropa protectora.

Vivíamos en corrales e incluso en pequeñas islas, pues era muy importante que nuestra pureza no se contaminara con otras razas de perros. Poseer perros *salish* era para los aborígenes una muestra de estatus social, especialmente entre las mujeres, que fueron en general las encargadas de cuidarnos. Nuestra alimentación era diferente de la del resto de canes; muestra de ello era el alto contenido de salmón —muy abundante en los ríos de la región— que ingeríamos, así como hígado, para mantener nuestro pelo bien lustroso.

Con la llegada de los colonos europeos sucedió lo inevitable: llegaron perros de procedencia europea. Nos cruzamos con ellos y lentamente nuestra raza se fue diluyendo. Además, los recién llegados trajeron con ellos lana de oveja y otras especies que devaluaron el valor de nuestro pelo. Y la puntilla nos la dieron las reticencias de los europeos a permitir el uso de prendas que para los nativos tenían un alto valor cultural e identificativo. Muchas comunidades fueron forzadas a renunciar a sus perros.

A mí —aprovecho para deciros que me llamo Mutton— me adoptó, hacia el final de la década de 1850, un etnógrafo americano llamado George Gibbs, con quien viví hasta el último de mis días. Gracias a él se conserva mi pelambrera, que sigue aportando información sobre mi genotipo. Os daré un par de datos: los perros Salish llegamos a Norteamérica hace al menos 5.000 años y como, las alpacas en el sur del continente, nosotros fuimos la única fuente de fibra para tejer en el norte. En mis genes puede ya encontrarse rastro de perros europeos en uno de mis bisabuelos.

Pero no penséis que conmigo desapareció la posibilidad de confeccionar prendas con pelo de perro; hoy es posible encontrarlas aún. Os dejo con un perro contemporáneo vuestro para que os cuente su historia.

«Ya no se crían perros con el fin de tejer su pelo, pero no por ello este arte ha desaparecido por completo. Yo soy una prueba de que a algunos perros aún hoy nos cepillan para hacer prendas de vestir con nuestro pelaje. Nuestras fibras pilosas son poco elásticas y eso les confiere una consistencia esponjosa que las hace ideales para confeccionar jerséis, guantes y bufandas.

Yo soy un perro que vive en una cómoda vecindad en Sâo Paulo. Yo he tenido suerte y vivo en Itaim Bibi, un barrio rico, noble, para los adinerados de la ciudad; nada que ver con los barrios de favelas que acompañan el fluir del río Pinheiros, nauseabunda cloaca que recoge las inmundicias de empresas y las chabolas de los más desfavorecidos.

Soy un *chow chow*. Mi raza es de origen chino y pertenezco a la única estirpe canina que tiene la lengua azul, pero sobre todo poseo, junto con otras pocas razas, una capa de pelo doble, una más larga exterior y otra más densa y corta próxima a la piel. Esa es la buena para cardar y tejer. Tan llamativo es mi pelaje que en China nos llaman *Songshi Quan*, que significa 'perro león esponjoso', porque nuestra melena recuerda a la de un león.

La familia con la que vivo se turna para cepillarme. Yo renuevo el pelo de forma natural, así que el cepillado no me causa ninguna incomodidad. Todo lo recogido se remite a una empresa que se encarga de la confección de las prendas. No creáis que un *chow chow* da mucho de sí; en toda una vida arrojo pelo para hacer un jersey de adulto, otro de niño y tres bufandas. Mi familia se queda con esas prendas, pero otras familias las venden a terceros.

Es otra forma de vivir y contribuir a la sociedad. Nuestro pelaje, tan apreciado por los nativos norteamericanos, hoy está al alcance de todos los que valoren nuestro calor y quieran vestirse con nuestro pelo. No deja de ser una paradoja el que muchos tutores de perros se quejen del pelo que soltamos y que otros lo usen para tejer su vestuario, ¿no creéis?».

57. EN LAS CORTES DE JUSTICIA

M e gusta la ciudad en la que vivo. Las amplias avenidas del centro de Buenos Aires son un regalo
que recorro con mi tutora cada mañana. Todos
los días puedo contemplar a lo lejos el obelisco: inmenso,
blanco, limpio como una estrella polar que nos indica el camino a seguir, pues el juzgado en el que presto servicio se
encuentra a 2 calles de este singular monumento. Cerca de la
entrada de las oficinas judiciales hay una cafetería en la que

suenan los acordes de los tangos de Gardel o Agustín Magaldi, que le dan a esta megalópolis una personalidad única.

Lo que nos encontramos en las salas de audiencia es menos agradable. Aquí hay que atender a personas –generalmente niños o mujeres– que tienen que prestar declaración ante el juez. Sus casos se dividen fundamentalmente en 2 categorías: víctimas de violencia doméstica o testigos de esta.

¿Y qué pinta un *beagle* en esto? Pues, aunque no os lo parezca a primera vista, mi rol es fundamental, tanto que son cada vez más los juzgados que quieren tener perros de apoyo, pues jueces, procuradores, psicólogos, y los propios declarantes, ven que con nosotros todo es más fácil –o menos difícil–, dadas las circunstancias que les ha tocado vivir.

Tener que describir ante un juez con todo lujo de detalles la violencia de la que uno ha sido objeto, o testigo, no es algo que se haga o pueda tomarse a la ligera. Revivir hechos dolorosos –en muchos casos de índole sexual– supone un trauma. Pero si uno de nosotros está cerca, si la víctima puede acariciarnos, sentir nuestro calor, la situación se torna menos angustiosa. Y estar relajado ayuda a declarar mejor, a pasar con menos dolor el mal trago de revivir las experiencias amargas.

Pero además hay otro factor muy importante, especialmente para los niños. Los pequeños no siempre entienden el contexto. Para los niños de 5-6 años el juzgado es un escenario disuasorio que no invita a hablar. Les cuesta mucho contar lo que han vivido y su testimonio muchas veces es fundamental. Por ello, para los psicólogos los perros nos hemos convertido en una herramienta muy útil. Estos profesionales les piden a los niños que nos cuenten a nosotros lo que les ha pasado, que se olviden del juez y de la Policía, y que seamos nosotros sus confesores, que no los intimidamos, en los que pueden confiar. Y en muchos casos funciona. El chico se suelta conmigo mientras los expertos judiciales graban y toman buena nota de un testimonio espontáneo que se le hace a un amigo, un perro. «Cuéntaselo al peludo», les dicen. Y a mí me lo narran para que sea luego el juez quien determine la suerte del menor y del agresor. Apoyo el morro en sus piernas y dejo que me acaricien las orejas gachas y la cabeza. Escucho sin prejuicios, pacientemente, mientras ellos vierten en mí toda la amargura de sus terribles experiencias.

Porque en Buenos Aires, la hermosa capital del Río de la Plata, también aparece el rostro más cruel del ser humano, y, yo, junto con mis otros 5 compañeros, ayudamos a que para algunos niños sea más fácil hacer justicia.

Hoy este programa se extiende por numerosos países.

58. EL DINGO

No todos tienen claro si soy un perro u otra especie distinta y sigue siendo materia de debate para los expertos. Lo que es indudable es que siempre hemos acompañado al ser humano en sus migraciones y que nuestra historia está ligada a vuestra especie. Somos los perros nativos de Australia.

Algunos cinólogos datan nuestra llegada al continente australiano hace 5.000 años, otros afirman que fue hace

18.000. Originarios de Asia, acompañamos a las tribus que decidieron migrar hacia Oceanía durante la última glaciación, época en que las aguas del mar eran más bajas y la distancia marina a recorrer era de tan solo unos pocos kilómetros.

Los nativos nos adoptaban cuando éramos cachorros. Las mujeres nos daban de mamar y nos llevaban, como un chal, alrededor de su cintura todo el tiempo, y así las protegíamos, pues avisábamos de cualquier peligro que las acechase. Tanto nos querían y respetaban que a algunos de nosotros nos enterraban con todos los honores en sepulcros que se han conservado hasta hoy. No fueron pocas las ocasiones en que salvamos la vida de los pueblos con los que vivíamos, pues somos únicos para encontrar fuentes de agua. Muchos acuíferos llevan como nombre nuestra especie.

A los 2 años nos devuelven a la vida salvaje, porque el dingo es ante todo cazador, y una pieza imprescindible de la ecología australiana. Esto nos ha traído muchos problemas, porque los ganaderos nos han querido exterminar en muchas ocasiones y por todos los medios. Tanto es así que una barrera anti-dingos se extiende a lo largo de más de 5.600 km de este a oeste y separa los estados del sur para que no poblemos esos territorios.

Fue el ser humano quien nos trajo y quien trató de exterminarnos del continente australiano.

Por fin parecen entender, tras muchos estudios, ahora de ADN, que no somos un perro de compañía, que, aunque podemos convivir con los humanos, esa convivencia durará un plazo relativamente corto, porque tenemos que volver a la vida silvestre a ser dingos. Y también ahora, por fin, parece que poco a poco se van abriendo paso leyes que entienden que formamos parte de la fauna de Australia y nos reconocen como imprescindibles para el equilibrio de este ecosistema.

59. LOS «DOGTORES»

E l chico sonríe cuando me ve entrar en su habitación. Tiene 12 años y está recuperándose de una operación a corazón abierto. Está con su madre y son de un pueblo situado a más de 200 km de Madrid. La gran ciudad puede resultar amenazante, con sus ruidos, tráfico y ritmo frenético para los que vienen de regiones agrícolas, apartadas del mundanal ruido.

Pero Madrid cuenta con especialistas y centros adecuados que ciudades de ámbito rural no pueden permitirse, así que a la enfermedad se le añade muchas veces el desarraigo. La sonrisa del joven se hace más amplia. Su madre observa, también sonriente y emocionada, esa mejora instantánea de humor. Acabo de entrar en la habitación y mis cuidadoras contribuyen a crear una atmósfera de alegría adelantando al paciente lo que este *golden* que os habla va a hacer. Así que cuando realizo algunos trucos como traer el objeto que el paciente ha elegido o dar algunas vueltas sobre mí mismo, ya no parece una habitación de hospital, sino una fiesta. Y la apoteosis llega cuando me subo a la cama del enfermo —con sumo cuidado y solo si él quiere—. Todo son risas. Por unos instantes la enfermedad no está presente.

En total estoy 45 min con cada enfermo. Visito 3 por día, aunque no trabajo todos los días sino solo 2 o 3 por semana. Me gustaría estar más, pero no me dejan. Mi cuidadora me impone descanso. Y hace bien: interactuar con las personas convalecientes no deja de ser algo que, aunque me gusta mucho, resulta fatigante, así que hay que dosificarse.

Me llamo Lía y vivo con Icíar, mi cuidadora. Ambas somos voluntarias. Yo compagino mi vida de animal de compañía con Icíar y su familia con esta actividad que nos llena a ambas y es muy importante, porque los enfermos con los que trabajo se recuperan mejor y sienten menos dolor, tal y como demuestran rigurosos estudios al respecto. Mi actuación supone también un chute de energía para los familiares de los enfermos; ¡tendríais que ver los rostros de las madres y abuelas que acompañan al paciente!, y también para los empleados del hospital. Médicos y enfermeras saben que los ayudo en su misión de recuperar mejor a los enfermos, pero además mi presencia les agrada, me hacen carantoñas y me dan la bienvenida más cariñosa que os podáis imaginar.

Llueve sobre el Madrid de los Austrias. La hermosa villa tiene en la Plaza Mayor –y sus bocadillos de calamares– y el Museo del Prado, la mejor pinacoteca del mundo, sus mayores reclamos turísticos. De Sol parten todas las vías que recorren la península y a través de las cuales llegan enfermos que no tienen en sus localidades los servicios necesarios para atender sus necesidades de salud y aquí los conozco yo. Soy Lía y trabajo en un hospital. Curo a pacientes graves. Especialmente a niños.

60. LA TRUFA QUE BUSCA TRUFAS

Algunos la llaman el oro negro, otros la reina de la cocina, cada uno tendrá su opinión y gustos, pero lo cierto es que la trufa deviene un condimento más y más demandado por las cocinas de los grandes chefs y aquellos que gustan del sabor de este hongo subterráneo.

Y precisamente ahí está el misterio de este manjar. Como crece bajo tierra, somos los perros, con nuestro olfato único, los encargados de encontrarlo. Antes hacían esa labor los cerdos, pero estos, omnívoros y glotones, siempre que podían se comían la trufa. A nosotros en cambio nos va más la carne y no nos atraen los hongos lo más mínimo, así que somos más de fiar. La olemos, pero no la tocamos.

Las trufas no crecen en cualquier parte. Yo vivo en un lugar excepcional para encontrarlas: el pueblo turolense de Sarrión. A casi 1.000 metros de altitud, los bosques colindantes de encinas y las tierras calizas son el criadero perfecto para este tubérculo. Tanto es así que anualmente se celebra una feria dedicada a esta exquisitez.

La clave para ser un buen buscador de trufas consiste en tener un olfato finísimo. Permitidme la broma: para hallar trufas hay que tener una buena «trufa», que es como se le llama a la parte húmeda de nuestra nariz. Y yo, aunque soy un perro mestizo que no ganaría ningún concurso dado mi inexistente pedigrí, he demostrado ser realmente bueno en este oficio.

Mi entrenamiento comenzó muy pronto, cuando aún tetaba. Mi dueña untaba las mamas de mi madre con aceite de trufas para que fuese habituándome a su aroma.

Más tarde, jugando, mi tutora untó de trufa mi pelota favorita. La escondía y me decía «¡busca!». Cuando la encontraba me daba una golosina. Después comenzó a ocultar trufas de verdad entre los matojos de las afueras del pueblo y cuando las hallaba yo recibía más premios y caricias. ¡Me encanta buscar trufas!

Y así comencé a encontrarlas, a ser realmente bueno en eso. Una vez la cesta está llena se las vendemos a los *gourmets* de varios restaurantes, que se pirran por ellas.

61. DETECTORES DE CARACOLES

Quizá no hay otro lugar en el mundo tan preservado y cuidado como las islas Galápagos, en Ecuador. Desde que en el siglo XIX lo visitase Darwin, este conjunto de islas atrae el interés de naturalistas de todo el mundo, y de no pocos turistas, que quieren ver de primera mano la riqueza animal que posee a raudales. El impacto que su fauna tuvo en el naturalista británico resultó esencial para el desarrollo de la Teoría de la evolución de las especies.

La belleza de estas tierras volcánicas y su riquísima vida acuática y terrestre no dejan a nadie indiferente. Tampoco a sus autoridades, que hacen ímprobos esfuerzos para conservarlas inalteradas.

Pero incluso aquí, a estas islas a más de 1.000 km del continente, arriban especies invasoras como el caracol africano gigante, un molusco que alcanza el tamaño de un puño que consume vorazmente las plantas autóctonas, puede transmitir una grave meningitis a los humanos y ha hallado acomodo en la isla de Santa Cruz, la más poblada de Galápagos. Así que la Agencia de Regulación y Control de la Bioseguridad y Cuarentena para Galápagos se ha hecho con mis servicios y los de mi compañero Neville para encontrar a estos gasterópodos e intentar controlarlos.

Soy un *golden*, me llamo Darwin —como el famoso biólogo— y puedo encontrar junto a mi colega muy eficazmente a estos caracoles. Esta especie invasora apareció en Santa Cruz en 2010 —nadie sabe cómo— y es una amenaza para otro caracol endémico de las islas. Aunque yo llegué en 2014, lo hicimos a tiempo, porque la presencia del molusco africano se concentraba en un terreno de unas 25 hectáreas.

Nuestro olfato detecta a los gasterópodos sin tener que esperar a que salgan de sus escondrijos en noches húmedas. Hallarlos a la luz de linternas mientras llueve no resulta tarea sencilla, pero nosotros nos las apañamos muy bien para encontrarlos, aunque sea de día y brille el sol. Hemos conseguido separar más de 200.000 ejemplares y así proteger este espacio natural único.

Claro que nada podemos hacer frente a la irresponsabilidad de los que comercian o transportan especies de un lugar a otro del planeta. Tan solo podemos ayudar, como en este caso, cuando el mal ya está hecho e intentar mitigar el problema.

62. PASTOR DE RENOS

Mi trabajo comienza y termina en Karasjok, una pequeña pero hermosa ciudad de la Noruega septentrional, tierra de los *sami*, orgullosa etnia polar que cuenta aquí, con su parlamento, porque son ellos los que deciden sobre sus propios asuntos.

Soy un perro pastor de renos, ayudo a los *sami* a llevar su ganado, sus renos, su vida, en largas migraciones anuales, siempre en busca de los mejores pastos, ruta circular de gran belleza natural que, para que os orientéis, hacemos comen-

La vuelta al mundo en 80 perros

zar en esta pequeña y preciosa ciudad, que posee fiordos maravillosos, entrantes de mar que penetran en la tierra firme dejando paredes verticales por las que se precipitan cascadas que cortan el aliento.

Karasjok en 1886 marcó la temperatura más baja jamás registrada en Noruega: -51,4º C.

Los renos llegan aquí en primavera, tras pasar el invierno lejos de la costa, en los bosques continentales. Nuestra llegada es todo un acontecimiento: hay fiesta, el sol luce prácticamente las 24 h del día, las hembras paren sus crías y hay que marcar a los animales; el dueño de la cría es el mismo que el de la hembra. Y ahí entro yo. Como buen perro pastor que soy –un pastor de Laponia– me encargo de que el ganado entre en los apriscos portátiles donde llevamos a cabo el marcado. Una vez identificado se le vuelve a soltar para que siga comiendo pasto y líquenes, hasta que las temperaturas comienzan a descender.

Con el otoño comienza la época de celo. Los machos se pelean –a veces durante horas– y pierden mucho peso, y por ello los *sami* castran a algunos de ellos, con una técnica ancestral llamada *gaskit* en la que emplean solo los dientes. El pastor ata al macho, lo echa en el suelo y en cuestión de segundos le muerde los vasos y nervios que, debajo de la piel, alimentan los testículos. Queda así inoperante para la reproducción, pero sigue siendo muy importante para el rebaño pues, al no entrar en celo, no perderá tanto peso como los más activos y será el que se encargará, cuando la nieve y el hielo cubran la taiga, de apartar el blanco manto para que el resto llegue a la hierba cubierta o a los líquenes.

En otoño, además de producirse la monta que traerá la próxima generación de renos, llega el momento de sacrificar a aquellos que ya han engordado y son a la postre la fuente de ingresos de los pastores *sami*. Esta es una tarea difícil. Hay que seleccionar a estos animales, juntarlos y montarlos en camiones para llevarlos al matadero. En todas estas labores también yo soy imprescindible.

Y aquí empieza el momento del año que a mí me gusta más: la migración hacia el interior, para hallar los pastos de invierno, en el corazón de los bosques más septentrionales de la Tierra. Los pastores deben estar muy pendientes de que los animales no pierdan demasiado peso. Si la nieve y el hielo les impiden escarbar y llegar hasta el alimento puede ser necesario suplementarlos con pienso o forraje. También es importante estar alerta frente a predadores; esa es otra tarea de la que me encargo yo, y lo hago muy bien.

Cuando el deshielo comienza a fundir la nieve debemos iniciar el camino de regreso hacia la costa, los pastos de Karasjok, a casi 400 km con jornadas de 20-30 km cada una, en las que yo vigilo al ganado, me aseguro de que las hembras, preñadas, no sean molestadas y lleguemos todos sanos y salvos a nuestro lugar de estancia para los siguientes meses.

Sin mí los *sami* no podrían criar renos. Yo soy la piedra angular de sus tradiciones, de su modo de vida.

63. LOS VIGILANTES DE LA PLAYA

La costa dálmata es una de las más hermosas que nos regala el Mediterráneo. Sus aguas prístinas y los recovecos de su línea costera forman calas paradisíacas, a veces poco accesibles, que hacen de ella un destino turístico privilegiado. Pero más allá de remotas caletas a las que solo se puede acceder por mar, las playas atraen a muchos visitantes, que cada año buscan refugio en un lugar a salvo de la masificación.

Y ahí, en esas playas, trabajo yo. En realidad somos varios de nosotros actuando de forma coordinada. Unos desde la arena y otros desde pequeños botes en el mar. Si un bañista se encuentra en peligro podemos rescatarlo rápidamente. Somos labradores, *newfoundlands* o *goldens*, razas seleccionadas para esta labor, porque, además de ser excelentes nadadores, nuestra talla nos permite arrastrar a una persona.

No es fácil llegar a ser lo que somos. Para formarme recibí entrenamiento durante un año con el socorrista con el que trabajo y con quien tengo una conexión increíble. Somos uno en realidad.

Me consta que otros perros como nosotros hacen la misma labor en Italia. Protegidos del sol bajo un toldo observamos el baño de los turistas para que el día de mar transcurra sin disgustos.

Puedes nadar tranquilo. Si algo te pasa estaremos a tu lado para sacarte del apuro. Somos los vigilantes peludos de la playa.

64. PERROS PESCADORES

La vida es una caja de sorpresas, pero algunos hemos nacido con hechuras que determinan nuestro futuro. Porque cuando eres un perro con un pelaje impermeable y tienes una membrana entre los dedos como los patos está claro que tu vida va a estar relacionada con el agua.

Soy un gran nadador, fuerte –peso casi 70 kg–, intrépido, fiel y obediente. Además provengo de un país a menudo gélido, Canadá, y resisto las bajas temperaturas mejor que la mayoría de los perros.

En la provincia costera de la que soy originario, Terranova y Labrador, la vida gira en torno a la pesca desde el siglo XVII. Nuestras aguas son riquísimas en peces, aunque difíciles de navegar: las tormentas son frecuentes, las corrientes fuertes y los icebergs omnipresentes en invierno. Y precisamente por ello, los de mi raza, los *newfoundland*, somos imprescindibles para los hombres de la mar.

Me gusta mi labor a bordo. Puedo pasar semanas navegando. Cuando un aparejo cae por la borda o la soga que lo sujeta se rompe es cuando me toca actuar: salto al agua y nado hasta hacerme con el valioso material que sin mí se perdería para siempre, lo que supondría un quebranto económico para el armador. También ayudo empujando las redes si es necesario. Soy un fuerte nadador, mis pies y mis manos palmípedos me propulsan con rapidez y mi pelaje me protege. Soy esencial en el buque. La tripulación me adora y yo a ellos. Formamos un buen equipo. Lo compartimos todo, incluso la comida, pues no hay diferencia entre lo que ellos y yo comemos, fundamentalmente pescado.

Pero mi principal misión es salvar vidas. Si un pescador cae al agua es crítico actuar de manera decidida y veloz. La vestimenta de trabajo es pesada, por lo que es fácil que el mar lo engulla rápidamente. Además, el frío penetra hasta el tuétano en pocos minutos, con lo que sacar del océano al náufrago es literalmente cuestión de vida o muerte. Y ahí también intervengo yo. No le tengo miedo al mar. Salto raudo para hacerme con él, mantenerlo a flote y devolverlo a la seguridad de la nave.

Hemos salvado a cientos, miles de marineros, desde que la pesca comenzó en esta tierra. Seguimos siendo la raza de rescate número 1 en el mundo y podrás vernos en playas, ríos, con los bomberos, la Policía, siempre cerca del agua, nuestro verdadero ecosistema, nuestro territorio.

65. PERRO PATERA

Me parieron en un vertedero de Bamako, la capital de Mali, una ciudad de casi 2 millones de almas mal contadas porque los censos no son fiables y las chabolas se multiplican de manera desordenada y brotan como hongos tras la lluvia, especialmente después del inicio de la guerra civil. Las calles sin asfaltar, los montones de basura acumulada o los charcos, mezcla de la frecuente lluvia y las aguas fecales que llenan los baches de la vía pública, son el paisaje desolador de mi ciudad. Mi destino hubiese estado sellado de no haber sido por un chaval que me recogió en la calle. Sin él tal vez hubiera muerto de cachorro o aguantado 2-3 años en el vertedero comiendo basura, infestado de parásitos, tal vez rabioso, el destino de los perros aquí.

Ese chico era uno de esos millones de jóvenes africanos sin formación ni ningún tipo de red social que a lo único que podía aspirar era a algún empleo de pocos días en la construcción o como mensajero. Como él, otros muchos no hacen otra cosa que intentar llevarse un bocado que disimule el hambre y encontrar una sombra que los cobije del inclemente sol de mediodía. A esos jóvenes solo les queda una esperanza: embarcarse rumbo a Europa o alistarse en alguna de las milicias que desangran el país. La mayoría opta por lo primero.

Y así fue como llegué a las islas Canarias. No tengo ni idea de cómo mi salvador pudo pagar el viaje a lo que él consideraba el paraíso. Solo puedo deciros que se encariñó de mí y me llevó con él en autobús,de Bamako a St Louis, una villa pesquera de la costa de Senegal. El viaje debería poderse completar en 2 días, pero nos llevó casi una semana. Cruzamos varias fronteras, imagino que por puntos en los que los agentes habían sido convenientemente sobornados. La vida en Senegal parecía menos miserable que en Mali. Aunque dormíamos en la playa era posible obtener algo de pescado rebuscando entre los restos que los pescadores dejaban en la playa. Así pasamos una semana hasta que un par de días más tarde nos embarcamos en uno de los cientos de cayucos que, varados al borde del mar, esperan la señal de los traficantes de personas para iniciar la travesía.

Mi amigo llevaba en pequeñas bolsas de plástico carne y pescado seco porque temía que se le mojara si las olas nos empapaban en el cayuco.

Un perro no es bienvenido a bordo, así que me apretó en la parte trasera de su pantalón, medio cuerpo por encima y medio debajo del cinturón. No lloriqueé. Quizás eso me salvó la vida porque cuando el capitán, un tipo muy malencarado, se percató de que había un perro a bordo ordenó que me arrojase por la borda o que él personalmente se encargaría de que los dos acabáramos en el fondo del Atlántico.

Para nuestra fortuna, todos los que nos acompañaban intercedieron por nosotros. No creo que aquel tipo se conmoviera ni le convencieran los ruegos del miserable pasaje, pero tal vez quería evitar problemas, desembarcarnos a todos los antes posible y volver a Senegal a cobrar su comisión. Así que escupió por encima de la borda, dio media vuelta y nos dejó en paz.

La travesía duró 6 días. Hacinados, los pasajeros se aliviaban por encima de la borda, aunque no siempre se llegaba a tiempo o simplemente no podíamos ponernos de pie, pues con el oleaje no había forma de mantener el equilibrio, así que con el paso de los días el fondo del cayuco se fue llenando de vómitos, heces y orines mezclados con agua salada.

Cuando el mar nos daba un poco de tregua, yo dormía acurrucado al lado de cualquiera que no me echase de un puntapié. La última noche en la barcaza la pasé al lado de mi nueva amiga. Cuando desperté y quise saludar a mi dueño no lo vi, no estaba en el bote. Nadie sabía lo que había sido de él, quizá se irguió y una ola lo arrastró, quizá el capitán, que se la tenía jurada desde que me trajo a bordo, lo arrojó al mar. Nunca lo sabré.

La chica joven cuidó de mí hasta que Salvamento Marítimo nos llevó al puerto de Arrecife en Lanzarote. Todo esto ocurrió en noviembre de 2023.

Los medios me apodaron Poli, en honor a la nave de rescate que nos encontró, llamada Polimnia.

66. SEGURIDAD DEL TRÁFICO AÉREO

M i misión os parecerá increíble, pero no es otra que evitar que los aviones se caigan. Trabajo en el aeropuerto de Vancouver, la hermosa ciudad canadiense en la costa del Pacífico. Es una urbe que merece la pena visitar. Para que os animéis a venir a verme os daré unos pocos detalles: posee el malecón más largo del mundo −aquí le llamamos el Seawall−, con 20 km de longitud para observar la naturaleza, caminando o en bicicleta. Otra atracción muy concurrida es el puente colgante sobre el río Capilano —solo apta para aquellos que no tengan miedo a las alturas—. La naturaleza es nuestra riqueza y, a tan solo 15 min del centro, en Grouse Mountain, se muestra en todo su esplendor en forma de fantásticos bosques con fauna diversa y pistas de esquí.

Como muchos son los visitantes que llegan a Vancouver es imprescindible que su viaje —y especialmente su vuelo— sea seguro. Ese es mi cometido. Yo me encargo de espantar a los pájaros que anidan cerca de las pistas aeroportuarias.

A muchos os resultará insólito, pero las aves pueden ser muy peligrosas para la aviación, ya que a veces son causa de graves accidentes. No son pocas las que chocan con el parabrisas de cabina, lo que reduce mucho la visibilidad. Pero la situación más grave se produce cuando los motores del avión absorben aves enteras durante el despegue. En ese momento, patos y gansos se asustan, levantan el vuelo y la presión negativa de los motores los puede aspirar, y eso a veces supone que el motor se incendie o estropee. Cada año una veintena de aeronaves deben retirarse de la circulación debido a choques con la fauna voladora. Tan frecuentes son que las líneas aéreas deben afrontar unos 1.200 millones por año en mermas y reparaciones, además, claro, de las pérdidas en vidas humanas por esta causa.

Uno de los ejemplos más recordados, en este caso con final feliz, fue el del vuelo US Airways 1549, que el 15 de enero del 2009, tras chocar con una bandada de aves, se vio forzado a hacer un aterrizaje de emergencia sobre el río Hudson en Nueva York momentos después de su despegue. La pericia del piloto evitó la catástrofe. El aeroplano quedó flotando en el río y todos los pasajeros fueron rescatados sanos y salvos. Las imágenes dieron la vuelta al mundo. Toda la tripulación fue condecorada. Pero ha habido casos donde el resultado ha sido muy diferente.

Mi labor consiste en ahuyentar a las aves. Ya veis, un comportamiento en general negativo para un perro de compañía —un perro suelto asustando a aves en un paraje silvestre es un peligro para el hábitat—, es la razón de ser de mi trabajo y un aporte imprescindible para la seguridad aérea. Yo espanto a las aves antes del despegue. Al hacerlo con frecuencia, poco a poco los pájaros deciden anidar en otras zonas, lejos de mis ladridos y correteos.

Debo confesaros que es un trabajo muy divertido. ¿A qué perro no le gusta ir tras los pájaros? Y no solo eso, sino que además me dan golosinas y otros premios por hacerlo.

Como yo, hay cientos, tal vez miles, de perros que hacen esta labor. En ocasiones compartimos la tarea con aves rapaces. Manejadas por experimentados cetreros son también muy efectivas para que sus aladas presas sientan pavor ante su presencia y no se acerquen por las pistas. Yo las ahuyento; las rapaces las mantienen lejos. Tarea coordinada, perfecta, que permite que el avión parta —o aterrice— sin incidencias. Y aunque algunos aeropuertos han intentado instalar sistemas automáticos para echar a las aves, nada hasta la fecha ha funcionado tan bien como un perro persiguiendo pájaros.

67. LACTAR DE MUJERES

Los *arapahoes*, a los que pertenezco, fueron una de las tribus más poderosas de la región central de lo que hoy son los EE. UU. de Norteamérica. Guerreros orgullosos, combatientes feroces, resultaron un hueso duro de roer para el ejército americano, que finalmente consiguió domeñarlos y recluirlos en reservas. Hoy, ya adaptados al modo de vida occidental, regentan casinos y disfrutan de exenciones de impuestos para tratar de acelerar su reinserción social en el coloso americano.

Nací en las inmensas llanuras de Dakota del Sur, hace más de 300 años, cuando los *arapahoes* eran aún libres, dueños de sus territorios, cazadores intrépidos y temibles enemigos. Los perros prestábamos servicio como animales de tiro antes de que los caballos llegasen al continente de la mano de los españoles. También participábamos en la caza y alertábamos de la llegada de otras tribus o más tarde de los hombres blancos.

Sin embargo, yo nunca veré las verdes, infinitas planicies donde pastan los totémicos bisontes que mis amos cazan. Mi labor fue otra muy distinta, tan útil como las demás, más sacrificada sin duda.

Cuando las mujeres *arapahoe* paren y producen más leche de la que sus retoños pueden tomar, o el bebé muere, es cuando entramos en juego los cachorros como yo. Nuestro apetito y fuerza de succión nos hacen ideales para aliviar los senos cargados, irritados, a menudo infectados, de las mujeres indias. Pero la tradición dicta que a los cachorritos que vamos a encargarnos de ese cometido se nos quite el don de la vista y, así, ciegos, pasamos nuestros días al lado de la mujer a la que le aliviamos el dolor y a la que, quizá, le salvamos la vida.

Triste destino resultado de una tradición que mutilaba a los que evitábamos terribles males a las mujeres lactantes. Hoy es una costumbre afortunadamente en desuso pero que demuestra una vez más los sacrificios que hemos hecho los de mi especie por los humanos de todas las etnias y lugares, porque para nosotros ser fiel es condición innata y, como no sabemos lo que significa el rencor, seguimos al lado de los *arapahoes* a pesar del daño que nos causaron.

68. UN PÚGIL EN JAPÓN

La isla en la que vivo se llama Shikoku y está en el extremo sudoeste del archipiélago del Japón. Es famosa por la multitud de peregrinos que la recorren para visitar sus 88 templos budistas. Una gran mayoría hace el trayecto vistiendo un atuendo escrupulosamente blanco. No son pocos los que renuncian a hacer el recorrido a pie, para acercarse a los santuarios en coche e incluso en taxi; es lógico, ya que completar esta ruta circular de 1.200 km requiere tiempo, recursos y estar en buena forma. Viene gente de todo el mundo. Además de la paz de nuestras pagodas, el entorno es muy hermoso, así que no es de extrañar que sea un destino cada vez más popular.

Os llamará pues la atención el que en un contexto tan pacífico os cuente su historia un perro de pelea, pero en este aparente remanso de paz, las peleas caninas son legales casi en todo el país.

Soy un *yokozuna*, un campeón. He vencido a mis rivales en múltiples combates. No es fácil alcanzar lo que yo he logrado. Mi raza, los perros tosa, somos muy valiosos. Se pagan 7.000 dólares por un buen cachorro y hasta 30.000 por un campeón como yo. Los mejores llegamos a pesar 90 kg. Tal es el temor que hacemos sentir que algunos países han prohibido mi raza dentro de sus fronteras. Se nos compara con los luchadores de sumo, un tipo de combate ritual extremadamente prestigioso en Japón.

Nosotros, los perros luchadores, tratamos de morder el cuello de nuestro oponente durante el combate; esa es nuestra misión. El primero que se dé media vuelta, trate de huir o gima será el perdedor. A veces no es fácil separarnos y hasta 3 asistentes, tirando de nuestras colas y cuellos, tienen que saltar al redondo *ring* para interrumpir la lucha. La decisión del juez es inapelable y nadie la discute. Si el veterinario, siempre presente en los combates, determina que una pelea debe terminar, su criterio es acatado sin rechistar.

Cuando vences muchas veces, como en mi caso, te cubren de unos ropajes ceremoniales, el *mawashi* –idéntico al de los luchadores de sumo–, y te conviertes en una estrella. Llegamos a ser los protagonistas de programas de televisión. Es muy popular lo que hacemos. Familias enteras asisten a las peleas; los niños son mis fans. Las apuestas están estrictamente prohibidas, aunque debo confesaros que no son pocas las veces en las que hay dinero de por medio. Una parte no menor de las luchas está controlada por la *Yakuza*, la mafia nipona, pero yo no participo en ellas.

Es una tradición muy arraigada en Japón. Sí, en algunas prefecturas del país se ha prohibido, pero en la inmensa mayoría sigue siendo legal y popular, aunque menos: hace 80 años éramos 10.000 los perros de combate y ahora quedamos unos 200 en mi región. Quizá el ser humano no sea tan contradictorio al fin y al cabo, y poco a poco el budismo vaya extendiendo su aura de compasión a una actividad que, aunque me haya dado honores, no deja de ser una aberración.

En una pelea, aunque ganes, sufres, duele. Mordiscos, arañazos y estrés matan a muchos de nosotros. Tras los combates nos cuidan y procuran que nos recuperemos rápidamente, aunque cada pelea es un desgarro físico y psíquico.

Pero lo acepto sin quejarme, pues desde pequeño me criaron para ello. Durante mi primer año y medio no peleé. Ese período se reserva para nuestro crecimiento, para fortalecer nuestro cuerpo. Paseamos con un arnés del que debemos tirar fuerte para desarrollar nuestros hombros. Nuestro criador se encarga personalmente de nosotros y es nuestro mejor amigo. Más tarde comenzamos a combatir con luchadores ya jubilados. De ellos aprendemos la técnica adecuada para convertirnos en lo que somos: perros de pelea.

Y debemos mordernos, arañarnos, aplastarnos mutuamente en silencio. Los gruñidos, gemidos, lamentos o ladridos, ya lo sabéis, nos descalifican inmediatamente. Yo soy pues un luchador silente y llevo mis heridas con discreción y orgullo, el orgullo de un campeón.

Ahora llega mi turno de ser maestro de jóvenes combatientes que deben aprenderlo todo para llegar a ser lo que yo he sido.

69. INFALIBLE DEFENSA ANTIAÉREA

D urante la Segunda Guerra Mundial, Darwin no era más que una pequeña ciudad, un punto en el mapa del norte de Australia. Sin embargo, poco después del ataque japonés a Pearl Harbor en Hawái, las escuadrillas niponas se dirigieron a esta pequeña villa y la bombardearon de forma inmisericorde, de tal suerte que se convirtió en el punto clave de defensa del continente australiano.

Así, en unas pocas semanas, el que hasta entonces había sido un poblacho olvidado pasó a albergar más de 10.000 hombres, y entre ellos aparecí yo, un *kelpie* australiano de pelaje negro y fuego con orejas tiesas como un pastor alemán, aunque de talla algo más pequeña, sin otro dueño que quien quisiera darme un mendrugo y unos achuchones, cosa que, con tantos militares alejados de su familia y tan faltos de cariño como yo, no resultó difícil.

Pero hubo un detalle que llamó poderosamente la atención de mis nuevos amigos, y es que yo percibía la llegada de los bombarderos nipones mucho antes que ellos. Cuando oía el rugir aún lejano de los rotores japoneses no podía evitar agacharme y ponerme a gruñir. Al principio mis nuevos amigos no entendían qué me pasaba, pero pronto descubrieron que cuando me ponía así es que muy pronto iban a aparecer en el cielo los biplanos enemigos con sus ametralladoras y bombas mortales.

Así que me convertí en el más popular del destacamento armado y me bautizaron como Gunner —algo así como artillero en español—. Muchas vidas se salvaron gracias a mi habilidad de anticipación de las bombas enemigas, pues esos pocos minutos resultaban vitales para buscar refugio cuando los japoneses estaban cerca.

Sobreviví a la guerra y me quedé con uno de aquellos soldados, aunque mi historia se pierde y no hay detalles de dónde o cómo terminaron mis días, como pasó con tantos soldados que lucharon en aquella guerra.

70. ¿PERRO U OVEJA?

Todos creen que soy un perro, cuando en realidad soy una oveja. O por lo menos así es como yo me veo a mí mismo. Y además tengo la función más importante de todas: las protejo de los predadores. Estoy noche y día con las ovejas, y si alguien se mete con ellas es como si se metiera conmigo.

Soy un mastín del Pirineo grande; todos los mastines lo somos, pero yo estoy muy por encima de la media, peludo, con una poderosa cabeza que disuade a cualquiera si me pongo de mal humor. Mi vida transcurre en la sierra de Cameros en La Rioja, muy cerca de la vertiente soriana.

Cuando nací estuve 2 meses con mi madre y mis hermanos y de ahí el pastor me puso ya a vivir con las que yo considero de verdad mis hermanas: las ovejas. Durante esos meses —lo que en vuestro argot se llama el período de impronta— llegué a tener tal conexión con ellas que me considero una más. Y por eso las protejo y me juego la vida para que no les pase nada. Durante ese período los pastores me daban de comer, pero no me hacían mucho caso. Debo saber comportarme, no ser agresivo con los humanos, pero la prioridad son las borregas. Así que si paseas por el monte y me ves a su lado no te acerques demasiado porque si creo que eres una amenaza no dudaré en darte un mordisco para que te alejes.

Las tierras que me vieron nacer son tan hermosas que a veces resulta difícil describirlas: espesos bosques, lagos y planicies se alternan, según la altura, en un paisaje que engarza los abundantes riachuelos que lo cruzan. De esta tierra difícil y de duro clima se obtienen madera y ganado, y no son pocos los que vienen a conocer su belleza y sus iglesias románicas, construidas cuando por aquí había solo ovejas y algún eremita.

Pero no todo es belleza y armonía. Agazapados en la espesura hay bastantes lobos, que muy a gusto se harían con mis hermanas si yo las dejara solas.

Pero conmigo no se atreven. Sé plantarles cara. Muchas veces se acercan, especialmente de noche, a merodear cerca del aprisco. Yo los huelo a mucha distancia y sé que van a venir. Van a intentar robarme a una de las mías. Y por eso yo, junto con otros dos perros, las defiendo cueste lo que cueste.

A veces los ladridos bastan. Los lobos nos temen, pero si son muchos y tienen hambre no dudan en venir a por ellas y pelear por comerse a alguna. Me ha tocado estar en esas batallas. Por eso nos han colocado un collar de púas, una carlanca a cada uno. Con eso y nuestro coraje hemos evitado muchas acometidas de estos cazadores, aunque no siempre ganamos. Nunca me olvidaré del cadáver del mastín que ocupaba mi puesto antes de llegar yo. Estaba solo y no pudo con los lobos. Acabaron con él y con muchas ovejas. Porque cuando atacan, los lobos no matan a sola una oveja para comérsela; acaban con unas cuantas y muerden a muchas, de modo que todas entran en pánico, se aplastan unas contra las otras, se estresan, abortan. Pasa mucho tiempo hasta que se recuperan de un ataque.

Pero eso ya no va a pasar más. Los otros mastines y yo estamos aquí para cuidar de ellas. Haga sol o nieve, estemos en el redil o de camino a pastos más frescos, los tres juntos somos invencibles, y ellos lo saben.

Los pastores se portan muy bien con nosotros; tenemos mucha comida y, aunque no necesitamos muchas atenciones, nunca nos falta una palmada cariñosa y toda la asistencia veterinaria necesaria.

Vivo en la libertad de las montañas, en plena naturaleza con mis hermanas y las cuido, ¿qué más puedo desear? Soy un perro —o una oveja, según se mire— guardián del ganado.

71. MUERTA Y VIVA A LA VEZ

Para muchos, California es el paraíso. Los Ángeles es una ciudad cosmopolita, con una de las más hermosas galerías de arte del mundo, el museo Getty –bello en sí mismo por su arquitectura, además de por las fantásticas obras maestras que contiene–. Un estado que se construyó a partir de misiones católicas españolas y del sudor de millones de inmigrantes que cavaron miles de kilómetros de galerías subterráneas durante la época de la fiebre del oro, entre otros, millones de asiáticos cuyos descendientes forman hoy parte del abigarrado acervo cultural del país. Si fuese una nación, California sería la 9ª potencia mundial, con una gran riqueza natural e industrial a la que ha contribuido de manera decisiva el sector del cine, al que le debo mucho, y que tiene aquí su meca: Hollywood.

Y a unos 50 km de allí, bañada por el Pacífico, está la pequeña villa de Malibú. Allí vivo yo y os voy a contar mi historia, de lujos, ciencia y preguntas sobre los perros y la moral humana.

Tengo la suerte de tener como ama a una artista multimillonaria. Me da todos los caprichos: viajo a menudo a sus mansiones de New York, Beverly Hills y Malibú. Incluso voy en avión privado a los conciertos que da por todo el mundo.

No está nada mal: piscinas, una dieta medida y toda la atención veterinaria que pueda necesitar. No me falta cariño y no estoy nunca sola, puesto que además de tenerme a mí, Barbra, mi ama, tiene 2 perros más, por lo que disfruto de compañeros de juego.

Me llamo Miss Violet, pero antes me llamaba Samantha. Aunque os cueste creerlo, estoy viva y muerta a la vez. No soy un fantasma, no os vayáis a creer; soy simplemente la copia genética exacta de Samantha. Soy un clon.

Hace no mucho, mi otro yo, Samantha, murió. Tenía 14 años y nuestra dueña, la famosa cantante y actriz Barbra Streisand, sabiendo que el momento del adiós no estaba lejano se puso en contacto con el laboratorio de Texas capaz de copiar a Samantha. Tomaron unas muestras del carrillo y de la barriguita de mi otro yo. Cuando se fue, Barbra no se resignó a perderla, así que decidió tener a una nueva Samantha, es decir, a mí. Bueno, en realidad nuestra madre de alquiler tuvo una gestación y un parto cuádruple, pero una de las cachorritas murió nada más nacer. Barbra se quedó con las 3 restantes. Una se la regaló a una amiga y otras 2 se las reservó ella. Así que somos 2 copias de Sammie las que vivimos hoy con Barbra.

Teóricamente hacer un clon es fácil: se toma el núcleo de una célula de la piel, se mete en el óvulo y se hace crecer en el útero de una hembra. Pero lo que aparentemente parece fácil no lo es tanto: no es suficiente con un óvulo, sino que se necesitan unos 12 de otras tantas perras que están en celo, o a las que se las induce hormonalmente.

Tampoco es suficiente con implantar este óvulo en una hembra; normalmente hay que completar el proceso en varias perras para tener éxito.

Además, a cada una de ellas se les implanta más de un óvulo, por lo que si todo va bien habrá más de un cachorro clonado por parto —como en mi caso—, y no está nada claro que todos los dueños se preocupen por todos los clones como lo hizo Barbra. Así que, por cada una como yo, muchas perras tienen que ser tratadas, gestar y parir. O abortar, que es otra cosa frecuente durante estos procesos. Un montón de sufrimiento para hacer feliz a quien puede pagarlo.

No debería quejarme. Al fin y al cabo, gracias a este método puedo contaros esta historia. Y el proceso ha mejorado mucho: para obtener el primer perro clonado, un precioso galgo afgano llamado Snuppy nacido en un laboratorio coreano, tuvieron que quedar gestantes más de 1.000 hembras.

Yo creo que Barbra habría sido igual de feliz adoptando un perro en lugar de hacerme clonar. Porque, aunque soy idéntica a Sammie, nuestras personalidades son muy distintas. La personalidad la hace el contexto en el que vives y, aunque parezca el mismo, nunca lo es. E incluso cuando 2 perros son genéticamente idénticos, a veces los genes no se expresan de la misma manera y el aspecto puede ser muy distinto.

Yo se lo debo todo a la tecnología y a Barbra, que está súper feliz de tenernos, y eso es lo importante, pero no puedo evitar pensar en el precio que otros pagaron para que yo pueda disfrutar de una vida de lujos.

72. PERROS DE ASISTENCIA

La Ciudad de la Luz, con su hermosa torre, museos y palacios ciega con su belleza otros aspectos menos atractivos de su fisonomía, como las numerosas barreras a las que deben enfrentarse a diario las personas discapacitadas. El tráfico de la ciudad es infernal. De ahí el que los canes como el que esto os cuenta seamos muy necesarios.

Soy una hermosa *golden retriever* negra que se ocupa de una señora de unos 40 años. Hoy ella es mi tutora, compañera y amiga.

La desgracia quiso que tuviera un accidente de tráfico que la dejó en una silla de ruedas. Tiene muchas limitaciones para moverse y yo la ayudo. Cosas tan simples como recoger unas llaves que se le han caído, quitarse la ropa o abrir un cajón pueden convertirse en algo imposible para las personas discapacitadas.

No es fácil llegar a ser eficaz en mi trabajo, porque supone estar pendiente de ella las 24 h del día. Para ser buena en lo que hago he tenido que pasar un entrenamiento estricto. Fue divertido, no os vayáis a creer, pero llevó bastante tiempo.

Para empezar no es casualidad el que para un empleo como el mío se elija a perros como yo, duros, trabajadores y bonachones. Los *golden* lo somos. Nos gusta cazar, sobre todo aves acuáticas, nos pirra el agua y tenemos 3 cosas que no son fáciles de aunar: un olfato privilegiado, muy buen carácter y poder fijarnos un objetivo del que estar pendientes todo el tiempo. En este caso no será un pato sino la persona cuya salud y bienestar están en nuestras manos.

He aprendido a hacer muchas cosas: abro cajones –todos tienen un tirador con cordones para que pueda abrirlos con la boca–, devuelvo cosas caídas, tiro de las mangas y perneras de la ropa para que mi dueña se desvista cómodamente, pero además, si se cae o no puede ponerse en la silla, también sé ladrar –vaya cosa diréis; un perro que sabe ladrar–; bueno, ladro solo cuando algo malo le pasa a mi ama y no puedo ayudarla. Entonces la familia y los vecinos saben que algo pasa y vienen y la ayudan. No ocurre a menudo, pero si sucede mi ladrido es la sirena que alerta a los demás.

Os preguntaréis cómo he aprendido todas estas cosas; os lo voy a contar. Pero antes debéis saber que no se elige a cualquier cachorro. Las fundaciones u ONGs que nos seleccionan conocen a criadores que tienen cachorros especialmente aptos para estas tareas. Cuando uno es particularmente bueno se sabe quiénes han sido sus progenitores y se van seleccionando así otros perros como yo. Pero tener buen carácter no es lo único. Hemos de pasar varias pruebas. Una muy divertida fue una entrenadora que venía con un cordel al que había atadas muchas latas vacías de refresco. Se puso a agitarlas de arriba abajo. El ruido era atronador, pero como no me asusté, sino que me acerqué a olerlas con curiosidad me dieron una croqueta riquísima y siguieron haciendo pruebas conmigo, a cual más entretenida. Así evalúan si vales o no para este oficio, si eres demasiado asustadizo o te adaptas bien a ruidos y situaciones inesperadas.

Una vez se han pasado estas pruebas, normalmente a los 2 meses de vida se nos asigna una familia de acogida. Serán los encargados de iniciar nuestro entrenamiento. A mí me fue muy bien; estuve con una pareja que tenía 3 chicos. Me querían mucho, me mimaban y hacían todos los ejercicios que las entrenadoras les habían asignado. Por ejemplo, para aprender a devolver unas llaves que se han caído, primero lo hago con un juguete; cuando lo hago bien, otra croqueta que me zampo, y además me acarician y felicitan.

Otro ejercicio consiste en abrir un cajón. Esto se aprende a base de tirar de una cuerda. A los perros nos gusta mucho tirar con la boca de cosas e intentar quitárselas a nuestro dueño. Ese ejercicio es la base para abrir los cajones en casa; por eso todos tienen una cuerda atada al tirador. También aprendí con mi familia a cerrar puertas, ladrar cuando es necesario, no hacer caso de otros perros, no tirar demasiado de la correa con la que me sujeta mi ama —imaginaos que por jugar con otros perros o asustarme saliese en estampida arrastrándola tras de mí–. No, debo hacer bien mi trabajo y estoy entrenada para ello.

Claro que no todos los perros tienen una familia de acogida como la mía. Algunas no saben, no siguen las instrucciones, no nos entrenan bien y, lo peor, no quieren desprenderse de nosotros. Y eso es malo, porque se ha invertido mucho para enseñarnos, mucha gente nos necesita para tener una vida de calidad y no debemos convertirnos en perros de compañía antes de hora. Pero es inevitable; algunas familias se encariñan tanto con nosotros que luego no nos sueltan. De hecho pasamos por varias durante todo el proceso. Eso es bueno para socializar, para que nos acostumbremos al cambio y no extrañemos ningún ambiente.

Abandonamos esta etapa del entrenamiento con 1,5 años y de ahí nos vamos a la escuela, donde estaremos 6 meses aprendiendo nuestra labor concreta. Cuando acabamos nos asignan a la persona a la que vamos a cuidar o el centro en el que desempeñaremos nuestra tarea. Hay canes de asistencia de muchos tipos: para personas con movilidad reducida –como yo–, para acompañamiento en centros de salud, hospitales, en residencias de ancianos... Ya habéis conocido a algunos de ellos. Allá donde necesitéis asistencia, cada vez más, nos encontraréis.

Ya veis que no es fácil ser un perro de asistencia. Nuestra educación es cara, lenta y sujeta a muchos avatares que pueden dar al traste con ella. Por eso nuestro coste es muy elevado. Que uno de nosotros llegue a pasar todas las pruebas y estar operativo supone unos 15.000€.

Quizá os preguntéis qué pasa cuando nos hacemos viejos. A muchos de nosotros la edad nos afecta con artritis; llega un punto en que ya no podemos ocuparnos con la calidad debida de nuestros amos. Cuando se alcanza ese momento, con unos 10 años de media, nos dan en adopción.

Ahí sí que vamos a una familia, pero no a aprender o cuidar a nadie, sino simplemente a lo que hacen la mayoría de los perros, porque, aunque hemos desarrollado una profesión y unos cuidados muy concretos, al final, el dar compañía y cariño a una familia también es algo muy importante, y en eso tampoco tenemos rival.

73. COMBATIR LA EPILEPSIA

Yo estoy empleado en un supermercado. ¿Qué hace un perro trabajando en un sitio así? Un poco de paciencia, todo a su debido tiempo. Cuando vamos al trabajo, mi tutor y yo nos cruzamos con los visitantes que se arremolinan en las calles del casco antiguo de Lyon. Mientras ellos pululan por ahí, nosotros cruzamos el Ródano, cerca del Museo de las Confluencias, para acercarnos a nuestro súper. Una rutina diaria que a veces se ve alterada debido a la epilepsia.

Soy un *golden* un poco mayor ya, pero un auténtico crack en lo mío: sé predecir cuándo mi tutor va a tener un ataque de epilepsia. Y no solo lo puedo anticipar, sino que le aviso para que se prepare. Una vez se desencadena la crisis me pongo encima de él y lo protejo. Os parece increíble, ¿no? Os cuento más detalles: cuando una persona va a tener un ataque epiléptico segrega unas sustancias con el sudor que yo soy capaz de identificar, y entonces comienzo a arañar y ladrarle.

Cuando esto pasa debe echarse sobre la cama, o incluso en el suelo, para que con los temblores no se caiga ni golpee. Además, mientras la persona está sufriendo un ataque me pongo encima suyo; de este modo evito que se dé golpes. Cuando se despierta lo primero que ve es este peludo que os habla. Y esto es muy positivo, porque muchas personas epilépticas tras una crisis no tienen una noción clara de dónde están, ni de su identidad, así que el perro facilita el que se «reencuentren» rápido. Es muy importante que recordéis esto porque si alguna vez os encontráis con una persona epiléptica con un perro encima no lo apartéis nunca porque probablemente le esté ayudando –todos los perros de asistencia llevamos un arnés que nos identifica como tales.

Mi tutor trabaja como cajero en un supermercado. La caja en la que cobra a los clientes es un poco diferente del resto porque detrás hay un espacio grande acolchado para que, si lo necesita, pueda superar una crisis sin lastimarse. Ahí paso yo también la jornada laboral para que pueda prevenirlo si se aproxima un ataque, y de paso hacerle compañía. Como tengo que estar pendiente de él –si me distraigo y la epilepsia asoma, no haría bien mi trabajo– hay carteles por todas partes para que la gente no me mime ni despiste. Desde que estoy a su lado le ha bajado mucho la frecuencia de los ataques. Él está encantado... y yo también.

74. PERRO DE LABORATORIO

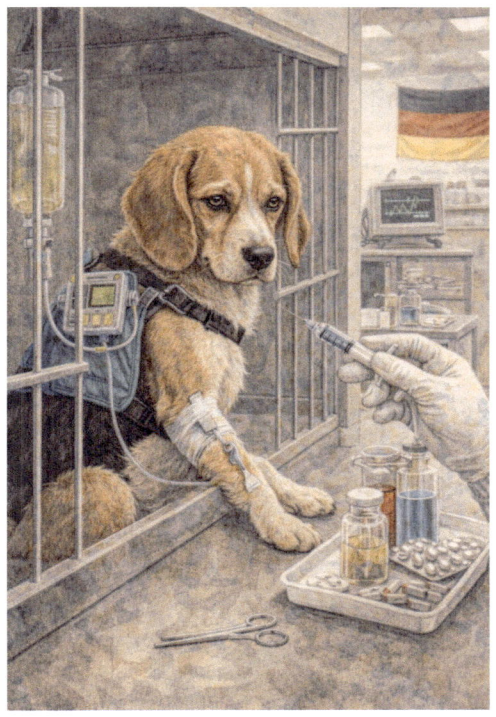

Nací hace 4 años en North Rose, un pueblecito del estado de Nueva York muy próximo al lago Ontario, cerca de la frontera con Canadá. En invierno las temperaturas pueden llegar a -40ºC, pero el lago, la nieve y el paisaje compensan la crudeza del clima. No vienen muchos turistas por esta parte de la frontera; llueve mucho y no hay casi infraestructuras. Los pocos que se deciden a visitarnos lo hacen por vía fluvial y lacustre. Atracan en el puerto. Los lagos sirven de sistema de comunicación entre los 2 países y las mercancías entran por la costa este de Canadá, por el río San Lorenzo, y llegan hasta Chicago y conectan con los ríos norteamericanos que cruzan el país y atraviesan el Misisipi hasta el golfo de México. Desde la orilla podemos ver el otro lado, tierra canadiense. Este pueblo es un remanso de paz, poca y buena gente, un lugar ideal para pasear, pescar o navegar tranquilamente.

En este pueblo hay un criadero de perros. Quizá os llamará la atención saber que los perros que se crían ahí se utilizarán en investigación. Somos perros de experimentación.

Muchas investigaciones para encontrar remedio para enfermedades de personas o animales requieren de la participación de perros como yo. Soy un *beagle*. Somos de carácter muy manso; eso es importante porque nos dejamos hacer sin morder, ni causar problemas, así que los operarios nos quieren por eso. No somos ni grandes ni pequeños, y al ser todos de la misma raza los experimentos y las dosis son prácticamente iguales para todos.

Durante el primer año estuve en North Rose. Allí crecí con mis hermanos y otros cachorros, y lo pasábamos bien. Teníamos espacio para correr y jugar, y la comida era muy buena. Nos hacían frecuentes revisiones veterinarias, imagino que para asegurarse de que no tuviésemos ninguna bacteria o parásito que nos impidiese servir como animales de experimentación.

Sé que hay mucha gente a la que no le gusta pensar que algunos perros se usan para hacer experimentos. Pero somos imprescindibles para conocer en profundidad y poder tratar algunas enfermedades de las personas y, lógicamente, para desarrollar medicamentos para nuestros hermanos canes.

Yo trabajé en ello durante los primeros 4 años de mi vida, y mi experiencia fue buena. Aunque hay que reconocer que tuve suerte. Algunos de mis compañeros sirven en experimentos de enfermedades graves o contagiosas, y terminan siendo sacrificados. Son pocos, pero los hay.

Cumplido el primer año me mandaron a un laboratorio que desarrolla productos para animales en Alemania. Cuando llegué allí me encontré con otros 150 *beagles* como yo. Vivíamos en unos boxes bastante grandes. Parte del box estaba en el interior y parte en el exterior, eso sí, totalmente vallado para que no pudieran entrar aves al recinto. Teníamos espacio para correr y jugar. Éramos 6 por box. La comida era buena y abundante, y cada día nos limpiaban el recinto. Había frecuentes inspecciones de las autoridades para garantizar que estuviésemos en buenas condiciones.

A mí me tocó participar en 2 tipos de experimentos. En uno de ellos me afeitaron la parte baja de una pata y me ponían una crema. Parece que era un producto para tratar las dermatitis de los perros y querían ver si los compuestos que formarían parte de ese medicamento eran irritantes o no.

A mi box venía a darnos de comer, limpiar y jugar con nosotros una chica muy buena y cariñosa que nos cuidaba bien. Cuando nos ponían las pomadas –estuvimos varios meses probando distintas– teníamos que ir a menudo al veterinario. Había 4 y según el día nos tocaba uno u otro. Observaban cómo evolucionaban los ungüentos que nos habían puesto. A algunos de los perros les escocía un poco, a mí nada en absoluto.

Más adelante me asignaron a un grupo que se tenía que tomar unas pastillas. Estaban ricas, así que yo me las comía sin problemas, aunque en este caso me sentaron mal y las vomité cada vez que las tomé. De nuevo los veterinarios tomaban nota de todo; me medían, pesaban, analizaban lo que arrojaba. Supongo que sacarían sus conclusiones. Yo seguía feliz con mis compañeros y las visitas de nuestra cuidadora.

Así pasó el tiempo hasta que llegó mi 5º aniversario. Un día sucedió algo muy especial. Llegaron 2 chicas que me pusieron a mí y a otro *beagle* una correa y nos sacaron a pasear. Al principio me costó un poco acostumbrarme, pero salir del box y pasear fue toda una experiencia. Mi compañero y yo nos pasamos el rato ladrándonos mutuamente. Esas chicas venían a vernos 2 veces por semana y estuvieron acudiendo unos 2 meses. Nos gustaba salir con ellas.

Hasta que un día nos visitaron con otros 2 chicos y sus padres. Según supe más tarde, tras 5 años de trabajo como perro de experimentación me tocaba jubilarme. No porque estuviera mal –estaba perfectamente–, sino porque los laboratorios quieren que no nos pasemos la vida entera allí y tengamos la oportunidad de disfrutar del calor de una familia.

Ahora vivo con 2 chicos muy simpáticos. Sus padres son adorables, me miman, me dan de comer, me sacan a pasear a diario varias veces. No puedo pedir más.

Si no hubiera sido por la experimentación con perros yo no habría existido. Tengo una buena vida y además he ayudado a curar enfermedades de otros perros o personas. Creo que ha merecido la pena. Es cierto que algunos no pueden disfrutar de lo que yo tengo ahora, con mi familia en una hermosa casa de Baviera a la lumbre de un cálido hogar. Pero son muy pocos. Y es un sacrificio necesario para salvar a otros animales y personas.

También ahora, como cuando era cachorro en América, vivo cerca de un lago. Parece que mi vida, tanto en su inicio como en el presente, se caracteriza por la cercanía del medio acuático.

Si quieres tener un perro, adopta uno. Gracias a que a mí me adoptaron ahora sé lo que es tener un hogar, recibir y dar compañía.

75. ÉL NUNCA LO HARÍA

Hoy hemos salido pronto. Me he alegrado mucho cuando hemos montado en el coche, porque eso significa día largo en el campo, y la verdad es que últimamente me han sacado mucho a pasear. Mis amos están poco conmigo. El trabajo supongo. Echo de menos sus mimos. De un tiempo a esta parte están menos cariñosos, más distantes. Problemas de humanos, me imagino.

El viaje es muy largo, mucho más de lo habitual. Además, no me han puesto collar ni traemos la cadena. Así que, cuando mi dueño abre la puerta del vehículo en pleno bosque, no me hago de rogar y salgo a la carrera a explorar ese nuevo y amplio territorio que se abre ante mí.

Hace mucho que no estiro las patas como hoy y corro, ladro, salto... Estoy muy contento. La sierra norte de Madrid tiene parajes espectaculares. Altos cerros que como torres vigía otean el horizonte, ríos bravos que forman hermosas cascadas que, aguas abajo, se amansan en los numerosos embalses de la región. Roquedales enormes, como gigantes fosilizados en los que crecen bosques de hayas. Pequeñas iglesias, ganado vacuno. Un paraíso para disfrutar.

Pasan unos minutos y me doy cuenta de que estoy solo. Mi amo no me ha seguido. De hecho, aunque regreso al lugar donde me abrió la puerta del coche, no lo veo. Tan solo veo las marcas de los neumáticos del vehículo y su olor, muy tenue, tanto que casi no puedo percibirlo.

Sigo corriendo, olisqueo aquí y allá; ya volverán a por mí, pienso. Pero son ya muchas horas las que han transcurrido desde que me dejaron y me preocupo. ¿Qué le habrá pasado a mi dueño? En mi mente no cabe otra explicación, pues algo grave ha tenido que ser para dejarme atrás. Comienzo a tener hambre. La sed puedo saciarla en un riachuelo cercano, pero las ganas de comer punzan mi estómago. Claro que más aguda aún es la sensación de desvalimiento que comienzo a sentir, pues me da que algo muy serio le ha tenido que suceder a mi amo. ¿Estará bien? ¿Habrá tenido un accidente, o mi dueña, su esposa, estará enferma? Me acurruco bajo un matorral al lado de donde me apeé del auto para pasar la noche.

Cuando el alba despunta y un tenue rayo comienza a iluminar el paisaje comienzo a andar, desesperado para hallar a los que me han criado y ayudarlos. Seguro que algo muy grave les ha tenido que ocurrir que ni siquiera han podido venir por mí.

No hay nada que comer. Me encuentro un pajarillo muerto que se ha caído del nido y lo ingiero. Deambulo sin rumbo y me acerco a un pueblo.

Estamos en plena sierra madrileña; hay bastante gente, como siempre los fines de semana. La tarde cae fresca y un grupo de chicas que están tomando unos refrescos me ven. Me acerco a ellas, me acarician y dan algunas migas de pan de sus tapas. Como no encuentran collar alguno ni modo de identificarme me dejan pasar la noche en el garaje de una de ellas. Me dan de comer y duermo bajo techo. Pero continúo angustiado por mi familia humana.

Sigo convencido de que les pasó algo, porque mi mente, menos desarrollada que la vuestra, no puede comprender que alguien abandone a un hijo, un padre o un hermano. Eso eran ellos para mí, y eso pensaba que era yo para ellos.

Al día siguiente me llevan a una protectora de animales; allí me cuidan a la espera de que alguien me adopte.

Yo he tenido suerte, he acabado en un centro de recogida de animales y tendré una segunda oportunidad, pero en España se abandonan al año casi 300.000 perros y gatos. La cifra más alta de toda Europa, y muchos son los que no lo cuentan porque mueren de hambre o atropellados en una carretera.

76. «YOU ARE IN THE ARMY NOW»

Acabo de cumplir 1,5 años, soy juguetón, muy listo, un pastor belga *mallinois* con una planta que impresiona: orejas tiesas, capa marrón oscuro, morro fino que cubre una poderosa dentadura que ha captado la atención del oficial israelí que viene a este criadero para llevarse a los mejores ejemplares a su país para servir en cuerpos policiales o militares. Pagará por mí unos 4.000€, pero el precio no es factor limitante. Quiere lo mejor de lo mejor y, modestia aparte, creo que conmigo no se equivoca.

Aún es de noche cuando mi cuidadora abre la puerta de la perrera y subo a una furgoneta con otros 4 canes. La autopista que conduce al aeropuerto militar está vacía, así que poco después estamos embarcando en un avión de combate que pocas horas más tarde aterriza en el centro de Israel. La temperatura pasa de los 40°, mucho más alta de la de mi Bélgica natal, y el golpe de calor al salir del aeroplano lo siento como un puñetazo en el hocico. El paisaje es un secarral, el aire denso y caliente; seguro que debe haber riquezas y recursos, pues los conflictos por estas tierras son milenarios, pero por lo que yo puedo ver aquí predomina un panorama desértico, árido, que a partir de hoy será mi hogar.

Nos llevan a una perrera en la que hay otros recién llegados como nosotros en cubículos. Se les ve bien atendidos, con agua y comida más que suficiente y en unos minutos llegamos a nuestra nueva residencia, en la que hay agua fresca y no faltan buenas viandas.

Estamos en una instalación del ejército. Más tarde sabré que se trata de la unidad Oketz, especializada en el uso militar de perros, una de las más reputadas del mundo y la única −que yo sepa− que tiene un cementerio dedicado a los de mi especie caídos en combate: 200 lápidas blancas se han alineado ya desde 1974, año de la creación de la unidad. Aquí lo de jugarse la vida no es una metáfora.

Tras un mes en el campamento, donde me sacan a pasear, correr, y me adapto a mi nuevo contexto de vida, me asignan a un soldado. Ser admitido aquí es tarea difícil para los profesionales de la milicia; solo 25 pasan el corte al que se presentan más de 300 candidatos cada año. El soldado y yo seremos ya inseparables, pasaremos 8 meses de entrenamiento juntos y si él cambia de unidad yo lo seguiré. Somos un binomio al que solo la muerte o la incapacidad de uno de los 2 puede separar.

Aunque suene aburrido o duro, el entrenamiento es un placer para mí, porque está basado en el juego. Juego a recoger pelotas o muñecos en los que hay trazas de sustancias explosivas. Cuando las detecte en la vida real mi cuidador lo sabrá, porque haré los mismos gestos que cuando jugamos con el muñeco.

Trabajo duro y, aunque no os lo parezca, es desgastante, así que a las 5-7 horas debo descansar y recuperarme. Pero independientemente de que trabaje o no, todos los días mi compañero me saca a pasear. De hecho muchos días se me lleva a casa y somos compinches de trabajo y juegos. Nos encanta estar juntos.

Como me he preparado para oler explosivos suelen situarme en puestos fronterizos con alto tráfico de vehículos. Según sople el viento no debo ni desplazarme; el propio aire me acerca los olores de los camiones y puedo detectar de lejos si hay un camión que transporta bombas o materiales para fabricarlas. He encontrado ya unos cuantos explosivos, así que no os quepa ninguna duda de que he salvado muchas vidas humanas. También presto servicio en aeropuertos.

Para los soldados o los policías también somos importantes, un apoyo emocional fundamental, pues su vida no es nada fácil en esta tierra, siempre pronta para la guerra. Es frecuente perder compañeros, ser herido, vivir la tensión del combate. Nosotros somos un alivio, un dispensador de afecto en condiciones de trabajo muy difíciles.

También los perros podemos caer en la batalla; en el cementerio, además de las lápidas, un memorial nos recuerda con estas palabras de J. Braverman:

Camina suavemente entre estas piedras, aquí yacen héroes.
No llevaron rifles ni uniformes
pero siempre siguieron órdenes.
Fueron a la batalla con confianza y amor por el deber.
¿Quién de nosotros puede decir que fuimos mejores?
Camina suavemente, aquí yacen soldados de Israel.

Pero no todo dura para siempre. Aunque salgamos indemnes del combate, los perros envejecemos pronto. Muchos con 8 años perdemos una parte importante de nuestra capacidad de trabajo, otros aguantan hasta los 10-12 años, pero no mucho más allá.

Y llega el momento de la jubilación. Ahí debemos separarnos de nuestro soldado. Ellos recibirán otro perro con el que compartir su día a día y nosotros seremos dados en adopción.

La selección de los futuros dueños es muy estricta y una vez asignados hay un seguimiento continuado para constatar que se nos trata bien. Nos convertimos en perros de compañía. Yo he tenido mucha suerte; mis nuevos dueños son una pareja de jubilados que me adoran y tratan con todo tipo de atenciones. Además, como tampoco están para muchos trotes, me pasean lo necesario, pero sin excesos. No está mal para terminar una carrera en la que me jugué la piel para salvar quizás la vuestra.

Ahora estoy retirado, pero siempre seré un soldado.

77. PERRO DE TRINEO

A unque os parezca raro, lo más destacado de mí son mis 23 kg de peso. Os sorprenderá que un dato a priori tan poco relevante sea lo primero que os mencione, pero es la realidad.

Algunos pensaréis que un buen perro de trineo debe ser grande y fuerte para tener mayor poder de tracción y arrastre, pero las apariencias engañan, así que yo, más pequeño, soy mejor, especialmente en las distancias largas. Ya os contaré por qué.

Somos más de 600 canes los que a primeros de marzo nos reunimos en Anchorage, la capital del estado más septentrional de los EE. UU., Alaska, para participar en la carrera de trineos más famosa, legendaria diría yo, del mundo: el Iditarod. Con un recorrido de más de 1.500 km es todo un test para perros y hombres, que deben demostrar no solo capacidad física sino la habilidad de trabajar juntos y recorrer el itinerario predefinido en menos de 9 días.

Y aquí es donde la talla demuestra su importancia. Recorrer esta ruta supone un esfuerzo titánico. Al correr generamos mucho calor, y es importante que ese calor lo disipemos. Los perros muy grandes tienen una relación peso/superficie pequeña, es decir, no pierden calor con facilidad, y por eso, aunque pueden ser muy útiles en distancias cortas, en carreras de fondo yo pierdo calor más fácilmente y por eso estoy entre los elegidos.

El recorrido es tremendamente duro. La nieve cruje bajo nuestras almohadillas mientras los paisajes montañosos, lagos helados, e incluso brazos de mar congelados, van quedando atrás. Las temperaturas son extremas, con vientos casi huracanados que pueden llevar el termómetro a los -73°C.

Eso sí, tenemos atención veterinaria de primer orden, y en caso de sufrir cualquier lesión −el hielo puede ser cortante, muy traicionero en algunos tramos−, nos evacuan en helicóptero al hospital veterinario más cercano. Y eso que nos ponen unos botines para protegernos.

La carrera es un homenaje al estilo de vida y tradiciones de Alaska, pero también un recuerdo vivo de una de las mayores heroicidades que los perros han llevado a cabo en la historia.

En 1925, Balto, un perro como yo, lideró una carrera contrarreloj para llevar suero antidiftérico de Anchorage a

Nome, donde muchos niños estaban a punto de morir a consecuencia de esta entonces mortal enfermedad.

La difteria hace que el sistema respiratorio segregue una mucosidad densa que poco a poco ahoga al enfermo.

El tiempo borrascoso no permitía el uso de aviones, los trenes estaban inhabilitados por la nieve que cubría las vías, así que no quedó otra que recurrir a los perros.

Fue una misión a cara o cruz: si los perros llegaban a tiempo el medicamento podría revertir los síntomas y los niños se recuperarían. Si la nieve engullía los trineos o los demoraba en exceso, el moco taponaría los bronquios de los chavales y nada podría salvarles la vida.

Y lo consiguieron: salvaron a decenas de niños. Recorrieron más de 1.000 kilómetros en 5 días y Balto lideró el último relevo, el que entregó la antitoxina que supuso la salvación de los pequeños.

Balto no corrió solo, pero fue el que se convirtió en el símbolo de esa hazaña, un fenómeno de masas, y tiene erigida en su honor una estatua en el Central Park de Nueva York. Su cuerpo disecado se expone en el Museo de Historia Natural de la ciudad de Cleveland en Ohio.

Balto lo consiguió porque, como nosotros, los perros de trineo somos los animales más veloces del mundo en distancias superiores a los 15 km. Nadie nos gana en 15, 150 ni 1.500 km.

Y cada año lo demostramos en el Iditarod, la carrera de Alaska, en la que con nuestros amos damos lo mejor de nosotros mismos.

78. PERRO ARQUEÓLOGO

Yo busco muertos en el norte de Suecia. Algunos pensaréis que ayudo a resolver crímenes y que colaboro con la Policía, pero no. En realidad lo que hago es encontrar restos humanos de más de 1.500 años de antigüedad para entender cómo vivía y por qué desapareció una comunidad que habitaba estas tierras. Tierras que te dejan sin habla. Montañas de pizarra por las que, alocado tras el deshielo, desciende el río Skellefte para morir en el lago Sädvajaure. Aquí, en los bosques boreales que lo rodean, es donde me encargo de encontrar los restos de los que poblaron esta tierra hace casi 2.000 años.

Mi superpoder es que puedo distinguir los huesos humanos de los animales. Mi tutora, Sophia, arqueóloga, necesita de mí para las excavaciones. Soy capaz de hallar restos diminutos que estén hasta a metro y medio de profundidad. Ella cree que puedo ir más allá; lo probaremos pronto, pero reconoceréis que metro y medio ya está muy bien, ¿no?

No trabajo todos los días. Cuando determino dónde hay que excavar comienza el trabajo de los arqueólogos, que deben desenterrar los restos, clasificarlos y descifrar cómo vivían aquellos antepasados de los suecos de hoy.

Yo correteo por el yacimiento acompañando a Sophie y su equipo en sus labores de investigación. Soy un pastor alemán negro, muy amistoso con todo el mundo, y me llamo Fabel.

Tened en cuenta que aquí se trabaja contrarreloj, porque no es posible excavar en invierno. La temperatura y el hielo lo impiden y el verano es corto, así que mi trabajo, como veis, es muy especializado, breve pero de la mayor importancia, porque les doy la pista de por dónde empezar.

No soy el único que hace esta labor. Tengo otros compañeros en Croacia, Australia o los EE. UU., pero creo que por ahora ninguno ha podido llegar tan hondo en la tierra con su olfato como yo. No es fácil identificar huesos enterrados, de distintas épocas históricas con aromas distintos, ni mucho menos atinar con los de vuestra especie. Es nuestro finísimo olfato lo que nos hace tan valiosos, además de nuestras ganas de jugar y daros eso que tanto buscáis en nosotros: compañía.

Me llama Sophie. Ha impregnado unas bolas de algodón en unos huesos para que durante nuestro forzoso paro invernal pueda seguir entrenando.

Hay mucho por hacer. Ellos no lo saben aún, pero bajo sus pies hay miles de osamentas y restos por descubrir. Pero eso será la próxima primavera.

79. PERRO ANTI-FUGAS DE AGUA

En mi tierra el agua es un bien muy escaso, y por eso cuidamos del líquido elemento con mucho mimo. A eso me dedico: a evitar que el vital fluido se pierda. En algunos países europeos las fugas de agua suponen pérdidas de un 20 % del total del preciado líquido que corre por las distintas canalizaciones, algo totalmente inadmisible aquí, en Marruecos, donde yo he sido entrenado para evitar que eso ocurra.

Hoy mi jefe humano sospecha que pueda haber filtraciones en una tubería enterrada en las afueras de Marrakech. Desde aquí puedo ver la hermosa ciudad amurallada, gruesas paredes de argamasa ocre que la protegieron en tiempos pretéritos y que son un polo magnético para multitud de viajeros. Los observo desde este promontorio y los veo como pequeñas hormigas corretear por la plaza de Yamaa, tratando de regatear el precio de un *souvenir* o consumiendo, glotones, alguno de nuestros almibarados dulces mientras se entretienen con faquires, trovadores o danzarines, pues de todo hay en ese abigarrado zoco.

Pero mi trabajo me lleva a las colinas próximas, donde gracias a que puedo oler el cloro que se escapa de una canalización hasta a 4 m de profundidad, mis compañeros humanos se pondrán manos a la obra. Puedo detectar el equivalente a una gota de cloro en una piscina olímpica, así que, por pequeño que sea el escape, a mí no se me escapa. Y ahí podrán intervenir ingenieros y obreros para reparar y conservar el fluido clave para nuestra agricultura, para nuestra vida.

En muchas ocasiones las fugas se producen en lugares cubiertos por matorrales o escarpados a los que la maquinaria y los hombres tienen difícil acceso. Nosotros llegamos a cualquier rincón. Somos unos perfectos todoterrenos, y por ello los mejores para esta labor.

Para los que vivimos en el desierto las fugas son tan dañinas como las hemorragias para el cuerpo. Yo las encuentro y, gracias a ello, humanos, perros y todos los que aquí habitamos podemos seguir viviendo.

Me consta que hay perros que tienen parecido empleo en Francia, Australia, los EE. UU. y Chile. Preservar el agua es vital para todos nosotros en cualquier parte del planeta. Conservarla es deber de todos y yo, en esta batalla, estoy en primera línea de combate.

80. PERRO ANTI-FURTIVOS

D udo mucho que os suene Ujung Kulon. Se trata de un parque natural bellísimo situado en Java, una de las islas de Indonesia que hace unos 150 años fue arrasada por la erupción del volcán Krakatoa y el consiguiente tsunami. Hoy, sin embargo, la naturaleza vuelve a brotar con una fauna y una flora únicas que la han acreditado como patrimonio mundial natural de la UNESCO.

Pues bien, en este lugar de ensueño varios de nosotros protegemos a otro animal, único y del que solo quedan unos 80 ejemplares en libertad: el rinoceronte de Java.

Digo varios de nosotros, porque este trabajo requiere distintas especializaciones. Algunos detectamos a los propios animales, tanto a los vivos, para saber dónde están y poder protegerlos, como a los que los furtivos han dado caza y así aprehender sus pieles, huesos y cuernos para que no puedan lucrarse con ellos. A eso me dedico yo. Soy una *drahthaar* de pelo hirsuto, capa hígado y blanco, orejas gachas y cola en un interminable vaivén.

Para la otra labor, en la que también nos empleamos, son necesarios perros más fuertes; aquí mis colegas son *malinois* belgas. Su fuerza permite reducir y apresar a los malhechores que cazan a los rinocerontes –y otras especies–. Es un oficio peligroso, pues los furtivos no dudan en disparar a hombres –más de 1.000 *rangers* han perdido la vida en África y Asia, asesinados por los furtivos–, ni por supuesto tienen ningún reparo en dispararnos a nosotros.

Pero hacemos progresos. El rinoceronte de Java llegó a contar con tan solo 15 ejemplares en libertad. Hoy sigue en riesgo crítico de extinción, aunque poco a poco su población ha llegado a crecer hasta más de 80 individuos. Pero el peligro continúa. En la medicina tradicional asiática el cuerno del rinoceronte tiene un rol destacado, pues se cree que posee propiedades curativas para numerosos males. Nada prueba que sea así, pues la composición de este apéndice córneo es la misma que la de las uñas. Pero poco puede hacerse cuando los humanos creéis en algo, con o sin fundamento, pues es más fácil engañaros que convenceros de que habéis sido engañados. En resumen, tan eficaz es la cornamenta de este coloso como comerse las uñas, pero lo cierto es que se pagan fortunas por el cuerno y la pobreza impulsa a muchos a jugarse la vida para cazar a este animal.

Pero aquí estamos nosotros para protegerlos. Otros equipos caninos hacen lo propio en Etiopía, Tanzania, Kenya, Namibia, Sudáfrica, y varios otros países africanos, donde rinocerontes, elefantes y gorilas, entre otros, están también muy amenazados.

Somos un seguro de vida para especies en riesgo de extinción, y lo mejor es que poco a poco las poblaciones de estos animales se están recuperando. Aún queda mucho por hacer, y no podemos flojear porque los furtivos no duermen, aunque nosotros tenemos un sueño muy ligero, un oído fino y un olfato infalible. Y vamos a ganarles la partida.

REFERENCIAS

Si quieres profundizar más en cualquiera de los capítulos de este libro, puedes hacerlo con ayuda de este código QR, que contiene múltiples referencias:

AGRADECIMIENTOS

Toda narración nace con el fin de compartir una idea, una experiencia, transmitir en definitiva algo que el autor lleva dentro y que quiere dar a conocer a sus lectores.

La chispa que estuvo en la génesis de este libro fue el 25 aniversario de la iniciativa «Dejemos huella», que aúna, pone en valor y da visibilidad a muchas asociaciones que trabajan con perros que prestan toda clase de servicios a la comunidad. En ese acto tuve la ocasión de conocer cómo trabaja un perro de rescate, un can que da servicio en hospitales u otro que es capaz de diagnosticar enfermedades con su olfato, por poner solo algunos ejemplos. Si las capacidades caninas resultan increíbles, no menos llamativos —y dignos de admiración— son la pasión, el conocimiento y la voluntad de servicio de las personas que cuidan y acompañan a los animales para que puedan desempeñar su función y cambiar la vida de muchas personas que se benefician de su actuación.

No puedo por lo tanto dejar pasar esta oportunidad para agradecerles todo lo que hacen, mencionarlos, y haber intentado, espero que con éxito, compartir algunas de las actividades que sus perros desempeñan. Para ellos toda mi admiración, pues gracias a vosotros el mundo es un lugar mejor.

Fundación ACAVALL: Naza Hernandez; Fundació S'Hort Vell: Jacob Gil; Fundación El Arca de Noé: Alejandra Botto; Associació d'Acció Social DISCAN: Meritxell Arias; Asociación Juan Gancedo; Juan Gancedo; Proyecto ESCAN: Enrique Cruz; ITCAN: Beth Mussull; TAG-Garrotxa; Jordi Marín; CTAC (Centro de Terapias Asistidas con Canes): Francesc Ristol; Perruneando; David Ordoñez; Amicans

Fundación: Anna Julià; Yaracan Asociación: Begoña Morenza; Animas: Abilio Leite; CERCICA: Joana Bettencourt; DTC Social: Mariana Queiroz e Inés Vieira; Pipper On Tour: Pablo Muñoz; Fundación Perro Colega - SrPerro: Micaela de la Maza.

Quiero además agradecer muy especialmente a las personas que dirigen estas asociaciones, y que menciono a continuación, el tiempo que me dedicaron y que me permitió ver en primera persona el impacto que sus perros tienen en el día a día de tantas personas. Gracias por su paciencia y atención, pues a ellos les debo el poder haber escrito estas líneas: Escuela Española de Salvamento y Detección con Perros (ESDP): Susana Izquierdo y Ángel Gutiérrez; Asociación Héroes de 4 Patas: Rosa Camacho; Dogtor Animal S.L: Icíar Hernández y Vanessa Carral. Institut Guttmann: Montse Caldés y Montserrat Bernabeu.

No estaría completo este agradecimiento sin una mención a los 4 perros que alegraron mi infancia y adolescencia: Mik, Pachá, Tro y Bolet. Su recuerdo ha sido también un acicate para escribir estas líneas.